Nano-Aquarien

AUTOREN: JAKOB GECK, ULRICH SCHLIEWEN | BEKANNTE TIERFOTOGRAFEN

Inhalt

42 Kauf, Pflege und Zucht

Extras

Mikrokosmos Nano

Die Zwerge unter den Aquarien sind die Nanos – Kleinstbecken von etwa 30 bis 50 cm Länge, die weniger als 35 l Wasser fassen. Mit etwas Wissen und Fingerspitzengefühl schaffen Sie darin einen filigranen Mikrokosmos, in dem winzige Fische, Garnelen und zarte Pflanzen optimal zur Geltung kommen.

Begriffserläuterung

Wenn die alten Griechen das Wort *nanos* in den Mund nahmen, dachten sie sicher nicht daran, dass es 2000 Jahr später zum Modebegriff werden würde. Bei ihnen bedeutete *nanos* schlicht »Zwerg«.

Alles »nano«?

Wir kennen heute nicht nur die Nano-Technologie, sondern seit einigen Jahren auch Nano-Aquarien. Wenige wissen, dass früher die Aquarien sehr kleine Ausmaße hatten. Sie waren für heutige Verhältnisse »nano«, da Glas teuer war und die Herstellung von Becken über 50 cm Länge aufwendig. Für Nano-Aquarien gibt es keine strenge Definition, aber es hat sich eingebürgert, alle Aquarien so zu bezeichnen, die unter der Größe der Einsteiger-Aquariensets mit den Maßen 60 × 30 × 30 cm und 54 l liegen. Die im Zoofachhandel angebotenen Nano-Becken haben zwischen 5 und 35 l Inhalt.

Warum ein Kleinstaquarium?

Ganz einfach: Nano-Becken bieten artgerechte Pflegemöglichkeiten für Kleinstfische, Zwerggarnelen und Schnecken, die in größeren Becken regelrecht verloren gehen würden. Auch lassen sich spezielle Wasser- und Futteransprüche der winzigen Bewohner in ihrem Miniaturkosmos leichter befriedigen, weil man von allem geringere Mengen benötigt. Das Schöne an den Aquarien ist aber auch, dass sie lediglich den Platz von etwa einem DIN A4-Blatt benötigen und (fast) überall hinpassen. Dennoch bieten sie ähnliche Gestaltungs- und Beobachtungsmöglichkeiten wie große Becken – sofern alle Einrichtungsgegenstände ebenfalls klein bleiben. Allerdings hat das Miniformat auch Nachteile, denn das geringe Wasservolumen reagiert schneller auf Pflegefehler. Man muss also einem Nano mehr Aufmerksamkeit schenken als einem größeren Becken.

Die kleine Welt der Nano-Aquarien

Wenn Sie ein Nano-Becken pflegen wollen, müssen Sie zunächst entscheiden, welche Form und Größe es haben soll. Sie können im Zoofachhandel Becken und Technik als All-in-One-Paket erstehen oder die technische Einrichtung selbst zusammenstellen.

Die richtige Größe

Es macht einen großen Unterschied für Besatz, Technik und Pflege, ob man ein Becken mit 12 oder 35 l Volumen kauft. Wofür Sie sich letztendlich entscheiden, hängt vor allem von Ihren Wünschen ab. Vielleicht möchten Sie nur ein Einzeltier und eine Einzelpflanze – sozusagen als »Juwel« – hervorheben, dann liegen Sie mit einem 12-l-Becken gerade richtig. Tendieren Sie aber dazu, eine Mini-Lebensgemeinschaft in Anlehnung an natürliche Biotope nachzuempfinden, z. B. mit zwei Fisch- und mehreren Pflanzenarten, dann sollte Ihr Nano mindestens 35 l enthalten. Unabhängig von diesen Überlegungen empfehlen wir, kein Becken mit weniger als

Den Zauber eines attraktiven Nano-Aquariums macht die wohl durchdachte und vor allem gut aufeinander abgestimmte Komposition von Pflanzen und Tieren aus.

12 l Inhalt zu erwerben, denn darin lassen sich selbst kleinste Tiere nicht mehr artgerecht pflegen. **Achtung** Im deutschen Tierschutzgesetz wird keine Angabe zur Mindestgröße eines Aquariums gemacht, sondern lediglich auf eine »artgerechte Haltung« verwiesen. Ein Gutachten des Bundesministeriums von 1998 gibt für die Haltung von Zierfischen ein Mindestvolumen von 54 l an. Dort ist aber auch die Erweiterung zu finden: »[...] für die Pflege besonders kleiner Arten sind abweichende Behältergrößen zulässig.« Deswegen ist es unser Anliegen, Ihnen hier nur Arten vorzustellen, die sich auch wirklich für ein Nano eignen und damit artgerecht gehalten werden können. In anderen Ländern können die Angaben abweichend sein. Erkundigen Sie sich daher im Zweifel bei Ihrem Fachhändler.

Nano-Komplettsets

Gute Sets bestehen aus Glasbecken mit einer Kantenlänge zwischen 30 und 50 cm (12 bis 35 l Inhalt), einem Mehrkammer-Innenfilter, einer kleinen regelbaren Motorpumpe und einer Beleuchtung mit ein oder zwei 9- bis 11-Watt-Kompaktleuchtstoffröhren in einer aufklappbaren Abdeckung.

Das Nano selbst zusammenstellen

Der Zoofachhandel bietet geklebte Glasbecken in verschiedenen Standardgrößen an. Die gängigsten Maße (Länge × Breite × Höhe = Bruttoinhalt in Litern) sind: 30 × 20 × 20 cm = 12 l, 30 × 30 × 30 cm = 27 l, 40 × 25 × 30 cm = 30 l und 50 × 25 × 30 cm =37,5 l. Sie können sich allerdings auch für einen geringen Aufpreis ein Aquarium in Sondermaßen anfertigen lassen. Wer z. B. mit einem langen und schmalen Becken einen Mini-Bachausschnitt imitieren möchte, greift am besten auf ein Beckenmaß von 60 × 20 × 20 cm = 24 l zurück.

Unverzichtbares **Zubehör**

ZUBEHÖR	BESCHREIBUNG
ZEITSCHALTUHR	Sie ist als Beleuchtungssteuerung für einen regelmäßigen Tagesablauf von Tieren und Pflanzen nötig. Es gibt analoge und digitale Varianten, die sich vor allem im Preis unterscheiden, aber auch darin, dass sich die digitalen nicht so leicht verstellen lassen.
SCHLÄUCHE UND EIMER	Zum Wasserwechsel benötigt man einen ca. 1,5 m langen Filterschlauch und einen 10-l-Eimer oder eine 10-l-Gießkanne.
WASSERVORRATSBEHÄLTER	Wasser für den regelmäßigen Teilwasserwechsel sollte nicht direkt aus der Leitung kommen, sondern auf Vorrat gehalten werden, besonders wenn es sich um aufbereitetes Wasser handelt. Wir verwenden dazu 10-l-Trinkwasserkanister mit Schraubverschluss, weil aus diesen nichts herausschwappt.
FANG-UTENSILIEN	Um Fische und Tiere herauszufangen, benötigt man zwei feinmaschige Fangnetze mit kleinem Durchmesser (maximal 10 cm). Für besonders empfindliche Minifische und Jungfische verwendet man Fangglocken, bei denen die Tiere nicht an die Luft gelangen.
ALGEN-ENTFERNUNG	Am besten eignen sich kleine Schwämme aus Edelstahlwolle (grob) aus dem Haushaltsbedarf oder sehr kleine Algenmagnete.

Eine ausgewogene Bilanz ständig im Blick

»Was rein geht, muss auch wieder raus.« Dieser Grundsatz, der selbstverständlich für jedes Aquarium gilt, hat besonders für die kleinen Nano-Becken mit ihrem extrem geringen Wasservolumen eine wichtige Bedeutung. Jedes Nano ist ein fast vollständig in sich (ab)geschlossener Miniaturlebensraum, der nur über die Fütterung der Fische, den Wasserwechsel und die Zu- und Abfuhr von Gasen (z. B. Sauerstoff aus der Luft) mit der Umgebung in Verbindung steht. Führt man sich dies vor Augen, wird Folgendes klar: Sämtliche nicht verspeisten Futterpartikel, alle Ausscheidungen und selbst gestorbene Tiere, die man nicht sofort herausfischt, bleiben im Aquarium erhalten. Zwar zersetzen sie sich durch die Wirkung nützlicher und überall im Bodengrund und im Filter vorhandener Bakterien, doch werden sie dabei nur in andere Stoffe umgewandelt, die sich mit der Zeit in gelöstem Zustand im Aquarienwasser anreichern – je nach Fütterungsintensität und Tierbesatz.

Die Konsequenz (siehe Illustration) Die gelösten Abfallprodukte (rot) belasten das Wasser und müssen, da sie nicht von allein aus dem Aquarium verschwinden, entfernt werden. Die Bakterien im Filter (Lupe links oben) verwandeln diese schädlichen Stoffe in weniger belastende, die gelöst aber unsichtbar (nur auf der Abbildung als roter Schimmer erkennbar) im Wasser vorliegen. Erst durch den Teilwasserwechsel (über den Schlauch fließt altes Wasser in den Eimer ab; frisches Wasser wird aus der Kanne zugegossen) mit frischem unbelastetem Wasser (blau) und auch durch den Pflanzenbewuchs werden die Stoffe aus dem Wasserkreislauf entfernt. Die Pfeile auf der Illustration geben die Richtung des Wassers an. Schließlich gilt selbst im kleinsten Becken der Grundsatz, den der bekannte Aquarienpionier Guido Hückstedt prägte: »Dreck bleibt Dreck, auch wenn man ihn nicht sieht«.

Das Wasser belastende Stoffe (rote Pfeile) werden durch die reinigende Wirkung von Filterbakterien, Pflanzen und Wasserwechsel (blaue Pfeile) aus dem Becken entfernt.

Was passiert mit dem »Dreck« im Nano?

Hauptverursacher der im Wasser gelösten Abfallprodukte sind die mit der Fütterung eingebrachten Eiweißstoffe, die nach anfänglichem Zerfall zunächst als giftiges Ammoniak oder weniger giftiges Ammonium vorliegen. Obwohl hohe Ammoniumwerte an sich nicht besonders schädlich sind, können sie dennoch katastrophale Fischsterben auslösen, weil Ammonium nur in saurem Wasser existiert (bei pH-Werten unter 7; siehe Seite 15), sich aber bei pH-Verschiebungen in den alkalischen Bereich (über 7) – z.B. nach einem Wasserwechsel mit Leitungswasser – schlagartig in das hochgiftige Ammoniak umwandelt. Die Aquarientiere reagieren mit heftiger Atmung, leiden dabei aber nicht, wie es den Anschein haben mag, an Sauerstoffmangel, sondern an einer Ammoniakvergiftung.

Ammoniakvergiftungen vermeiden Dass es nicht nach jeder Fütterung zur lebensbedrohlichen Vergiftung kommt, liegt daran, dass die in Filter und Bodengrund vorhandenen Bakterien das anfallende Ammonium bzw. Ammoniak augenblicklich weiter umwandeln. Dabei entsteht zwar als Zwischenprodukt das ebenfalls hochgiftige Nitrit. Dieses wird aber sofort durch andere Bakterien in das für die Aquarienbewohner nur in hohen Konzentrationen giftige Nitrat umgewandelt.

Das Aquarium »einfahren« Diese lebenswichtigen bakteriellen Abbauvorgänge im Bodengrund und Filter funktionieren im Aquarium nur dann, wenn sich genügend große Mengen an Bakterien aufgebaut haben. Das ist in einem frisch eingerichteten Becken nicht der Fall, weshalb sich die wenigen natürlicherweise vorhandenen Bakterien nach der Neueinrichtung erst vermehren müssen. Das dauert geraume Zeit, in der Regel etwa zwei bis vier Wochen – eine Zeit, die Aquarianer als »Einfahrphase« bezeichnen. Schon vor der Ersteinrichtung und Inbetriebnahme Ihres Nano-Beckens sollten Sie daher berücksichtigen, was während des Einfahrens passiert, damit Sie die zukünftigen Aquarienbewohner nicht fälschlicherweise zu früh ins Becken einsetzen. Wie die einzelnen Schritte der Einfahrphase ablaufen, erfahren Sie ausführlich auf Seite 28.

Mini-Nanos unter 12 l Inhalt sind für die Pflege von Tieren nicht geeignet. Ein schönes Pflanzenbecken können Sie darin aber problemlos realisieren.

Maßvoll vorgehen

Grundsätzliche Voraussetzungen für ein gut funktionierendes Nano-Aquarium sind ein mäßiger Tierbesatz, eine sparsame Fütterung sowie ein effektiver Filter mit viel Platz für die Filterbakterien. Nur so kann vermieden werden, dass zu schnell eine zu große Menge an Abfallstoffen in das Minibecken gerät, die der Gesundheit der Aquarienbewohner nicht zuträglich wäre.

Grundlagen der Nano-Technik

Im Fachhandel finden Sie eine breite Auswahl an technischem Zubehör. Zur Grundausstattung jedes Aquariums zählen Beleuchtung, Heizung und Filter.

Die Beleuchtung

Lampen für Nanos sind entweder als Abdeckleuchten konstruiert, wobei die Leuchtmittel unter einer Haube verborgen sind, die das Aquarium bis auf Futterluke und Kabeldurchführung dicht abschließt. Oder man erwirbt speziell für die Aquaristik gefertigte relativ kleine Klemm- oder Aufsetzlampen, die an einer Seitenscheibe befestigt werden. Alternativ kann man auch eine Schreibtischleuchte mit Energiesparlampen und einem Standfuß neben dem Becken aufstellen. Natürlich muss jede Beleuchtung den Sicherheitsanforderungen (Prüfzeichen) entsprechen. Wenn Sie keine Abdeckleuchte verwenden, bedecken Sie bitte das Aquarium mit einer Scheibe, damit die Fische nicht herausspringen können.

Die Wahl der Leuchtmittel orientiert sich an der Art der Lampe: Gut geeignet sind Vollspektrum-Tageslicht-Kompaktleuchtstoffröhren oder Tageslicht-T5-Leuchtstoffröhren mit 9 bis 11 Watt. Für ein durchschnittliches Nano-Aquarium mit normalem Tier- und Pflanzenbesatz reicht eine ein- oder zweischenkelige Kompaktleuchtstofflampe oder ein bis zwei T5-Leuchtstoffröhren. Falls Sie ein Nano nach Art eines Japanischen Naturaquariums (→ Seite 19) kultivieren, benötigen Sie eine stärkere Beleuchtung. Unverzichtbar für alle Aquarien ist eine zuverlässige Zeitschaltuhr (→ Seite 7).

1 Die Beleuchtung ist für ein gesundes Pflanzenwachstum wichtig. Eine praktische Aufsetzleuchte lässt sich vor allen Pflegearbeiten einfach hochklappen.

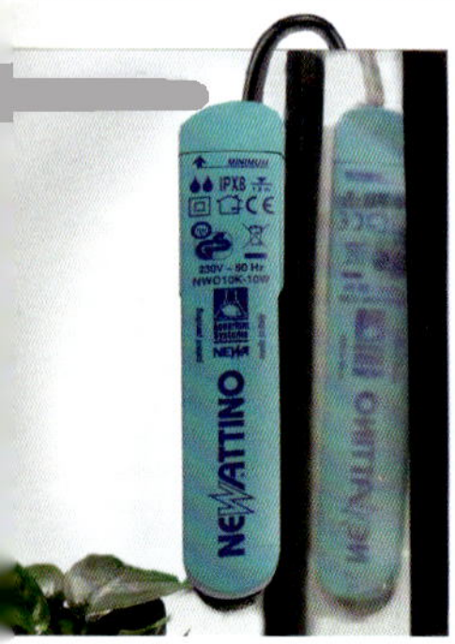

2 Spezielle Nano-Heizer sind im Fachhandel erhältlich. Sie haben oft einen festgestellten und integrierten Regler und lassen sich leicht in der Deko verbergen.

Die Heizung

Für Nanos eignen sich Regelheizer, also Heizer mit eingebautem, regelbarem Thermostat, die eine Leistung zwischen 10 und 25 Watt haben. Heizer mit höherer Leistung sollten keinesfalls verwendet werden, weil sie das Wasser zu schnell erwärmen und das Becken lokal überhitzen können. Inzwischen bietet der Handel auch sehr kleinformatige Nano-Heizer an, deren Thermostat auf 25 °C eingestellt ist – eine für die meisten tropischen Tiere optimale Temperatur. Pflegt man mehrere Nanos mit gleichem Temperaturanspruch, kann man in einem Becken einen separaten Thermostat installieren, der gleichzeitig mehrere Heizer (ohne Regler) in verschiedenen Becken steuert. Alternativ kann man auch einen eigenständigen Thermostat nutzen, um eine unter den Becken liegende Heizmatte zu steuern.

Die Filterung

Der Filter sorgt dafür, dass anfallende Abfallstoffe wie in einem Sieb gesammelt (mechanische Filterung) und schädliche, im Wasser gelöste Abfallprodukte durch Filterbakterien in harmlosere Stoffe umgewandelt werden (biologische Filterung). Weil das kleine Wasservolumen im Nano-Becken auf Pflegefehler schneller und empfindlicher reagiert, sind großvolumige Filter sehr wichtig. Dabei sollte die Filtergröße etwa fünf bis zehn Prozent des Beckenvolumens ausmachen.

Mehrere Filtervarianten stehen zur Auswahl bereit.

› Schaumstoffpatronen-, Schaumstoffmatten- oder Blubberfilter werden mit Lufthebern oder Mini-Motorpumpen betrieben. Diese Filter weisen einen hohen Wirkungsgrad auf, weil ein relativ langsamer Wasserdurchfluss über eine große Filteroberfläche gewährleistet ist. So haben die Filterbakterien genug Zeit, das vorbeifließende Wasser zu reinigen.

› »Hamburger Mattenfilter«, die aus einer rechteckigen Filterschaumstoffmatte bestehen, sind besonders effektiv. Sie trennen eine Ecke oder eine Seite des Aquariums komplett ab. Mit hinter der Matte angebrachten Mini-Motorpumpen oder Lufthebern wird das Wasser durch die große Mattenfläche gesaugt. Die Filtermatte sollte etwas größer sein als die Innenmaße des Beckens, sodass man sie mit einem Messer eng an die Innenmaße des Aquariums anpassen kann und dadurch keine Zwischenräume entstehen.

› In manchen Nano-Komplettsets entsteht mittels einer eingeklebten Trennwand eine sogenannte Filterkammer. Diese kann mit Filtermaterialien und der Technik (Pumpen oder Luftheber, Heizer) bestückt werden.

› Motor-Innenfilter mit kleinen ansteckbaren Filterpatronen werden in etwas größeren Nanos eingesetzt. Sie wälzen das Aquarienwasser relativ stark um, bieten aber im Schnitt zu wenig Filtervolumen. Wählen Sie gegebenenfalls solche Modelle, die sich mit verschiedenen Filtermaterialien bestücken und deren Pumpen sich drosseln lassen.

› Huckepack-Motoraußenfilter werden außerhalb des Beckens angebracht, verfügen über relativ große Filtervolumina und erzeugen eine eher breitgefächerte Strömung.

3 Ein luftbetriebener Schaumstoffpatronen-Innenfilter sorgt für gutes Wasser, wenn die Luftzufuhr maßvoll eingestellt und der Filter gut eingefahren ist.

4 Ein Huckepackfilter mit regulierbarem Durchfluss und kleiner Motorpumpe kann mit ganz verschiedenen Filtermaterialien bestückt werden.

Das Nano-Aquarium

Temperatur

Die richtige Temperatur sorgt für Wohlbefinden. Jede Art verfügt über eigene Temperaturansprüche, die bei der Auswahl und richtigen Zusammenstellung der Tiere und Pflanzen berücksichtigt werden müssen.

Licht

Das richtige Lichtklima spielt für Pflanzen und Tiere eine Rolle. Manche Arten bevorzugen starkes Licht, viele dagegen eher eine schummrige Beleuchtung. Für das passende Zusammenspiel aus Licht und Schatten sorgen Beleuchtung und Abschattung durch (Schwimm-) Pflanzen.

Filterung

Die Filterung sorgt nicht nur für kristallklares Wasser, sondern auch für den teilweisen Abbau von Schadstoffen, die aus den Ausscheidungen der Tiere entstehen. Dennoch ist ein regelmäßiger Teilwasserwechsel wichtig.

Tiere

Fische oder Krebstiere machen aus einem scheinbar leblosen Stillleben ein lebendiges Minibiotop. Nur kleine Arten (Zwergkampffisch) eignen sich nach sorgfältiger Auswahl für die Pflege in Minibecken.

Pflanzen

Wasserpflanzen sorgen nicht nur für ein gutes Wasserklima, sondern schaffen auch Versteckplätze für Garnelen und Fische. Pflanzen benötigen neben ausreichend Licht auch eine vorsichtige Düngung.

Bodengrund

Der Bodengrund bietet Pflanzen und gründelnden Fischen ein wichtiges Stück Lebensraum. Wurzelnde Pflanzen erhalten über eine im Boden eingebrachte Depotdüngerschicht Nährstoffe.

Wasser verstehen lernen

Wasser ist nicht gleich Wasser. Je nach Gehalt an gelösten Stoffen kann es für die Tiere und Pflanzen besser oder schlechter geeignet sein. Die wichtigsten aquaristischen Kennwerte des Leitungswassers sind die Wasserhärte (»Kalkgehalt«) und der pH-Wert (sauer, neutral, alkalisch). Ob man Leitungswasser direkt ins Becken geben kann oder es erst aufbereiten muss, hängt von diesen Werten und den Ansprüchen der Tier- und Pflanzenarten ab. Mit einfachen Tröpfchentests oder auch elektronischen Messgeräten aus dem Zoofachhandel lassen sich die wichtigsten Wasserwerte leicht bestimmen.

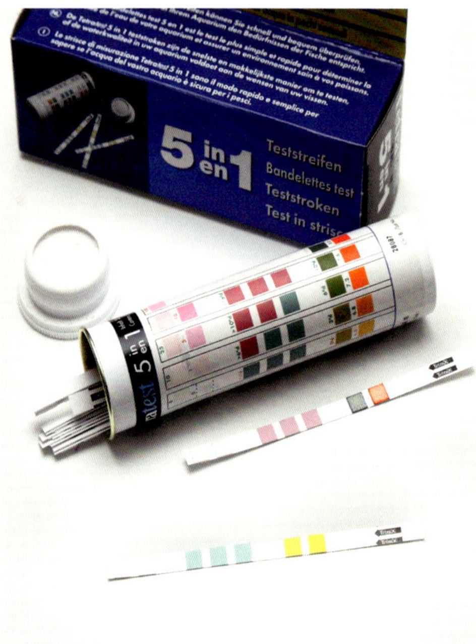

Zur Wassermessung kann man auch Multi-Teststreifen benutzen. Sie sind allerdings ungenau und dienen nur zur Orientierung.

Die Wasserhärte

Der Gehalt an im Wasser gelösten härtebildenden Salzen macht die sogenannte Wasserhärte aus. Diese wird im deutschsprachigen Raum in »Grad deutscher Härte« (°dH) angegeben. Je nach chemischer Zusammensetzung unterscheidet man bei der Wasserhärte zwischen Karbonathärte (KH) bzw. Nichtkarbonathärte (NKH). Der Unterschied zwischen beiden ist einfach: Die KH-Faktoren können sich als Kalk niederschlagen – daher rührt z. B. der Kalk in den Wasserkochern –, während die NKH-Faktoren im Wasser gelöst bleiben. Wenn man allerdings von Gesamthärte (GH) des Wassers spricht, sind beide zusammen gemeint.

Unterschiedliche Härtegrade Das Wasser wird in folgende fünf Härtegrade eingeteilt:

- sehr weiches Wasser 0 bis 3
- weiches Wasser 3 bis 7
- mittelhartes Wasser 7 bis 14
- hartes Wasser 14 bis 21
- sehr hartes Wasser über 21

Wichtig für die Aquaristik Die Karbonathärte ist aquaristisch wesentlich bedeutsamer als die Nichtkarbonathärte, da sie im Leitungswasser meist den Löwenanteil ausmacht. Die Aquarientiere variieren mitunter beträchtlich hinsichtlich ihrer Toleranz gegenüber der Wasserhärte: So lassen sich etwa viele Arten in hartem bis sehr hartem Wasser halten und züchten, während andere Arten in diesem

Wasser zwar gut leben können, sich darin aber nicht vermehren. Die anspruchsvollsten Arten – oft Schwarzwasserfische – kann man nur in weichem bis sehr weichem Wasser halten (→ Seite 16).

Der Säuregrad des Wassers

Weitere in der Aquaristik wichtige Eigenschaften des Wassers werden durch den Säuregrad, also den Gehalt an Säuren und Basen im Wasser, bestimmt. Angegeben wird der Säuregrad durch den pH-Wert, der zwischen 0 und 14 liegen kann. Beträgt der pH weniger als 7, spricht man von saurem Wasser, übersteigt er dagegen den Wert 7, bezeichnet man das Wasser als basisch oder alkalisch. Wasser mit einem pH-Wert von 7 ist neutral.

Wichtige Säure- und Basenbildner Der pH-Wert allein gibt keine Auskunft darüber, welche Säure oder Base enthalten bzw. welche Stoffe für den jeweils gemessenen pH-Wert verantwortlich sind. In der Natur und im Aquarium zählen zu den wichtigsten Säure- und Basenbildnern:

› Kohlensäure: Sie entsteht, wenn sich das Kohlendioxid im Wasser löst. Kohlendioxid ist ein Luftbestandteil und gelangt über die Wasseroberfläche oder über eine spezielle Belüftung ins Wasser. Eine zu stark blubbernde Belüftung kann aber auch Kohlendioxid austreiben (Sprudelflascheneffekt). Künstlich führt man dem Aquarienwasser Kohlendioxid zu, um die Pflanzen mit diesem für sie so wichtigen Nährstoff zu versorgen (→ Seite 53).

› Huminsäuren: Sie gelangen ins Wasser durch Kontakt mit bestimmten pflanzlichen Materialien, z. B. Torfgranulat. Sie färben das Wasser gelblich.

› Karbonate: Sie sind Basenbildner und entstehen, wenn das Wasser durch karbonathaltige Gesteinsschichten wie Kalkgestein fließt. Leitungswasser ist meist basisch, weil es viele Karbonate enthält.

Der Perlhuhnbärbling hat sich zu einem Renner für Nano-Aquarien entwickelt. Die etwas scheue Art braucht dichte Bepflanzung, um sich wohlzufühlen.

Gegenseitige Abhängigkeiten

Karbonathärte, Kohlensäure und pH-Wert beeinflussen sich gegenseitig. Das heißt, der eine Wert (z. B. Karbonathärte) lässt sich nicht ändern, ohne dass sich auch der Gehalt an Kohlensäure im Wasser und dadurch mehr oder weniger stark der pH-Wert ändert. Dieses Zusammenspiel zu kennen ist wichtig, wenn man für Weichwasserfische ein an Karbonathärte armes Wasser (→ Seite 16) aufbereiten oder die Pflanzen mit Kohlendioxid düngen möchte.

So geht's Extrem weiches Wasser ohne Karbonathärte (unter 1 °dKH) kann selbst durch geringe Mengen (Kohlen)Säure leicht stark angesäuert werden; man bezeichnet es dann als »schlecht gepuffert«. Daher sollte auch sehr weiches Wasser mindestens durch eine Karbonathärte von 0,5 °dKH gepuffert sein, sonst kann der pH-Wert leicht in fischfeindliche Bereiche »abstürzen«.

Das richtige Wasser bereitstellen

Stimmen Wasserhärte und pH-Wert mit den Pflegebedingungen der Tiere überein, eignet sich sogar Leitungswasser für die Nano-Aquaristik – vorausgesetzt, es ist nicht durch Nitrate, Pestizide oder Schwermetall belastet. Die geringe Wassermenge im Nano birgt aber für die Pflege von empfindlicheren Zwergarten mit besonderen Wasseransprüchen den riesigen Vorteil, dass sich speziell aufbereitetes Wasser in geringen Mengen leichter beschaffen und auf Lager halten lässt.

Vorratshaltung im Kanister oder kleinen Fass
In verschiedenen Plastikkanistern oder kleinen Plastikgefäßen sollten Sie ein bis zwei Beckenvolumen des für das Nano geeigneten Wassers vorrätig halten. Im Folgenden erfahren Sie, wie Sie Wasser für Ihre Ansprüche aufbereiten können.

Schwarzerlenzäpfchen enthalten den pH-Wert verändernde Huminsäuren, die zur Wasseraufbereitung im Nano verwendet werden können.

Welches Wasser für welche Ansprüche?

Um das herauszufinden, müssen Sie die Ausgangswerte Ihres Leitungswassers sowie die Ansprüche der Tier- und Pflanzenarten kennen. Der Porträtteil dieses Buches (ab Seite 32) hilft bei der Auswahl.

Leitungswasser (ungechlort) eignet sich häufig, sollte aber sicherheitshalber über Nacht abgestanden sein, bevor es verwendet wird. Da sich die Wasserwerte regional unterscheiden, muss man sie für den jeweiligen Wohnort individuell ermitteln.

Weiches und leicht saures Wasser wird von vielen Arten bevorzugt, weil es den natürlichen Gegebenheiten der meisten tropischen Naturgewässer entspricht. Außerdem funktioniert darin die Versorgung der Pflanzen mit Kohlendioxid besser.

Weiches Wasser herstellen

Man macht aus hartem, basischem Leitungswasser das für Aquarien geeignete Weichwasser, indem man Leitungswasser mit weichem Wasser mischt. Alternativ kann man es über enthärtende Materialien filtern. Falls danach zwar die Wasserhärte niedrig, der pH-Wert aber noch zu hoch ist, gibt man ansäuernde Substanzen dazu (→ rechts).

Vollentsalztes – also weiches, von jeglichen Härtebildnern wie Kalk befreites – Wasser bezieht man aus unterschiedlichen Quellen:

› Zoofachhandel oder Baumarkt: Es eignet sich wegen der Kosten nur, um Engpässe zu überbrücken.
› Umkehrosmoseanlage (UO): In einem kleinen, mit dem Leitungsdruck der Wasserversorgung betriebenen Gerät produziert man etwa ein Teil vollentsalztes und drei Teile Restwasser. Die Anschaffung einer kleinen UO-Anlage ist gerade für

kleine Wassermengen langfristig kostengünstiger als der Kauf von entsalztem Wasser.

› Regenwasser: Es ist ebenfalls frei von Härtebildnern, wenn es nicht über Schadstoffe abgebende Dächer und Rohre gelaufen ist. Es sollte erst nach längerem Regen aufgefangen werden, damit alle Luftverunreinigungen ausgewaschen sind. Sicherheitshalber filtert man es im Vorratsbehälter über Aktivkohle, um restliche Schadstoffe zu entfernen.

› Ionenaustauscher: Er filtert Leitungswasser über Austauscherharze, die nach Erschöpfung mit aggressiven Chemikalien wieder aufbereitet werden müssen. Er ist günstig, der Regenerieraufwand erfordert aber Übung im Umgang mit Chemikalien.

Mischungsverhältnisse berechnen

Das richtige Mischungsverhältnis von vollentsalztem Wasser mit Leitungswasser können Sie berechnen, wenn Sie die Werte des Leitungswassers kennen.

So geht's Härtegrad Leitungswasser (z.B. 18 °dKH) minus gewünschtem Härtegrad (z.B. 4 °dKH) ergibt Anteile des vollentsalzten Wassers: 18–4 = 14.
Um also z.B. aus Leitungswasser mit 18 °dKH und einem enthärteten Wasser mit 0° dKH ein Wasser von 4 °dKH herzustellen, mischen Sie 4 Teile Leitungswasser und 14 Teile enthärtetes Wasser.

Ansäuern von weichem Wasser

Nur weiches Wasser mit wenig Karbonathärte lässt sich gut ansäuern, weil es schlechter gepuffert ist. Stellen Sie in einem Kanister das geeignete Weichwasser bereit und säuern Sie es mit einer Handvoll Torfgranulat (aus dem Zoofachhandel) pro 10 l Wasser an. Belüften Sie den Kanister mit einem Ausströmerstein und messen Sie nach einem Tag pH-Wert sowie Karbonathärte. Dosieren Sie nach, bis die gewünschten Werte erreicht sind.

Schwarzwasser herstellen

TIPPS VOM AQUARIENEXPERTEN
Jakob Geck

WAS IST DAS? Schwarzwasser ist saures, mineralarmes Wasser, das durch sogenannte Huminstoffe dunkelbraun gefärbt ist. Wegen der extremen Wasserwerte enthält es kaum Keime. Viele der attraktivsten Nano-Fische stammen aus Schwarzwasserbiotopen (→ Seite 32) und benötigen zumindest zur Zucht auf Dauer Wasserwerte von 0–1° Karbonathärte und einen pH um 5.

WIE GEHT DAS? Verwenden Sie vollentsalztes Wasser ohne Leitungswasserverschnitt und säuern sie es mit Eichenextrakt aus dem Zoofachhandel schrittweise an. Belüften Sie mit einem Ausströmerstein und kontrollieren Sie den pH-Wert nach einer Stunde noch einmal, weil er sich mit der Zeit noch verändern kann.

ACHTUNG Der pH-Wert ändert sich oft sprunghaft, deswegen Eichenextrakt vorsichtig dosieren. Schwarzwassercharakter erreicht man durch Zugabe von Torfextrakten, die das Wasser nicht ansäuern, aber anfärben. Der Nachteil dieses Wassertyps ist, dass der Säuregrad bei schlechter Wasserpflege zu stark absinken kann. Deswegen ist der Teilwasserwechsel besonders wichtig.

Wasserpflanzen im Nano-Aquarium

Besonders in einem Nano-Becken ist die Bedeutung der Pflanzen nicht zu unterschätzen. Ein gesunder Bestand erzeugt tagsüber Sauerstoff, bindet in geringem Maße organische Abfallstoffe, schafft Rückzugsmöglichkeiten für Fische und sieht obendrein noch gut aus. Selbst kleinste Aquarien lassen sich wunderschön bepflanzen und je nach Geschmack etwa in einen Miniaturdschungel verwandeln, in dem scheue Fische viele Verstecke finden. Oder man gestaltet das Becken als eine Art Landschaftsgarten, z. B. im Stil »Japanisches Naturaquarium«.

Nährstoffe sind lebenswichtig

Alle Aquarienpflanzen brauchen Nährstoffe in Form von Düngerzugaben und Kohlendioxid (CO_2), das bei Licht für die Photosynthese benötigt wird. Welche Nährstoffe in welcher Menge zugeführt werden müssen, hängt davon ab, in welcher Form Sie Ihr Aquarium gestalten wollen:

Ein Becken mit Fisch- und Krebstierbesatz etwa erfordert eine durchschnittliche Beleuchtung und Düngung. Hier bietet sich ein nur mäßiger Pflanzenwuchs an, weil sonst das Becken schnell zuwuchert

Ein abwechslungsreich bepflanztes Becken schafft nicht nur ein gesundes Wasserklima, sondern auch Rückzugsmöglichkeiten für scheue Bewohner.

und manche Arten zu groß werden. Stimmt man die Wasserwerte auf die Pflanzenarten ab, brauchen diese Becken nur gelegentlich eine Düngerzugabe. **Der Typ »Japanisches Naturaquarium«** hingegen benötigt eine intensive Beleuchtung und eine starke Nährstoffversorgung, weil in kurzer Zeit ein bestimmtes »Pflanzenbild« geschaffen werden soll. Eine zu geringe Düngung führt zu Nährstoffmangel und schädigt die Pflanzen. Auch die Kohlendioxiddüngung (→ Seite 53) ist für diesen Aquarientyp wichtig. Für Nano-Becken gibt es spezielle Kleingeräte, die nach Gebrauchsanweisung bedient werden müssen, weil sich eine Überdosierung mit CO_2 nachteilig für die Fische auswirken kann.

Die richtige Düngung

Grundsätzlich gibt es zwei Arten von Düngemitteln, die man je nach Pflanzenbestand verabreicht:
Bodengrunddünger eignet sich für alle Aquarien mit Bodengrund und wurzelnden Pflanzen. Er wird beim Einrichten des Beckens in die unterste Bodengrundschicht eingearbeitet (→ Seite 26).
Flüssigdünger versorgt alle Arten von Wasserpflanzen mit Nährstoffen. Bei jedem Teilwasserwechsel wird dieser Dünger nachdosiert oder automatisch über sogenannte Dosatoren nachgeliefert.
Wie man die Pflanzen im Nano-Aquarium richtig düngt, erfahren Sie auf Seite 52.

Pflanzenbecken ohne Bodengrund

Manchmal ist es sinnvoll, nur Schwimmpflanzen oder sogenannte Aufsitzerpflanzen, die auf Holz oder Steine aufgebunden sind, zu verwenden. Sie eignen sich z. B. für Becken mit Sandboden und Panzerwelsbesatz oder für Becken mit Laubboden. Die Nährstoffversorgung erfolgt über Flüssigdünger.

Auswahl und Pflege der Pflanzen

Für Nanos eignen sich nur kleinwüchsige Pflanzen. Achten Sie darauf, dass die Temperatur- und Wasseransprüche mit denen der Tiere übereinstimmen. Es gibt z. B. Pflanzen, die auf Dauer in hartem Wasser verkümmern. Unsere Porträts (→ Seite 20/21) stellen Ihnen geeignete Pflanzen vor.

Bienengarnelen lieben Pflanzenpolster, die sie nach Nahrung absuchen können.

Nano-Pflanzen im Porträt

Eine ausgewogene Bepflanzung bereichert jedes noch so kleine Nano-Aquarium. Auf diesen beiden Seiten stellen wir Ihnen geeignete Pflanzenarten vor, die sich besonders leicht pflegen lassen.

JAVAMOOS *(Vesicularia dubyana)* Als Polster oder aufgebunden auf Wurzeln oder Steine. Verträgt keine längeren Phasen von Temperaturen über 28 °C.

TEICHLEBERMOOS *(Riccia fluitans)* Weltweit verbreitete, robuste Schwimmpflanze, die mit Nylonfaden auf Steine und Wurzeln aufgebunden werden kann (Abb. 29). Sie benötigt viel Licht und Nährstoffe. Bildet dichte dekorative Polster.

ZWERGCRYPTOCORYNE *(Cryptocoryne parva)* Die mit 2–5 cm Höhe kleinste Cryptocoryne erkennt man daran, dass sie breit auf dem Boden liegt. Eignet sich als Vordergrundpflanze auch für schwach beleuchtete Becken und für härteres Wasser.

ZWERGWASSERSCHLAUCH *(Utricularia gibba)* Schwimmpflanze, die extrem weiches, saures Wasser verträgt. Erste Wahl für Schwarzwasserbecken.

GRASARTIGE SCHWERTPFLANZE *(Echinodorus tenellus)* Dekorative, etwa 5 cm hohe rasenbildende Pflanze für den Vordergrundbereich. Weiches bis mittelhartes Wasser, 20–28 °C. Gedeiht gut bei Kohlendioxiddüngung.

ZWERGSPEERBLATT *(Anubias nana)* Robuste, langsam wachsende Aufsitzerpflanze. Auf Wurzeln oder Steine aufbinden. Rhizom nie in Bodengrund setzen.

JAVAFARN *(Microsorum pteropus »Windelov«)* Dekorative, anspruchslose Aufsitzerpflanze, die eher für größere Nanos geeignet ist. Verträgt auch sehr weiches, saures Wasser. Auf Wurzeln oder Steine aufbinden.

KLEINER WASSERSTERN *(Pogestomon helferi)* Starklichtpflanze für weiches bis mittelhartes Wasser. Man kann sie in den Bodengrund einpflanzen oder als Aufsitzer kultivieren. Diese Art ist etwas anspruchsvoller.

Die ersten Schritte

Die theoretischen Voraussetzungen und das technische Know-How für die erfolgreiche Nano-Pflege wurden auf den vorherigen Seiten geklärt. Nun geht es darum, sich Gedanken über die richtige Einrichtung des Beckens zu machen, damit die zukünftigen Bewohner des Aquariums sich auch rundherum wohlfühlen.

Die artgerechten Bedingungen gewährleisten

Die Arten haben unterschiedliche Ansprüche, nach denen sich die Art der Einrichtung und Pflege des Nanos richtet. Die wichtigsten Anhaltspunkte gibt jedenfalls immer die natürliche Umwelt der im Aquarium gehaltenen Tiere und Pflanzen. Folgende zwei Aspekte sollten Sie grundsätzlich beherzigen:

Das richtige Nano für das richtige Tier

Ein funktionierendes Nano ist wie ein ausbalancierter Organismus: Sind Größe, Einrichtung, Technik, Wasserqualität und Fütterung optimal auf die gepflegten Tierarten abgestimmt, wird das Becken zu einem Mikrokosmos. Stimmt dagegen die Balance nicht, bleibt es ein kleiner Glaskasten mit Wasser. Die Abstimmung aller Faktoren erfordert etwas Fingerspitzengefühl. Damit auch Anfänger erfolgreich starten können, stellen wir Ihnen ab Seite 32 vier erprobte Tier- und Pflanzenkombinationen für ein 25-l-Becken vor. Wollen Sie mit anderen Arten loslegen, sollten Sie sich über deren Pflegebedingungen informieren. Wahrscheinlich lässt sich aber eines der vier Nano-Beispielaquarien mit nur wenigen Modifikationen auch für Ihre Wunscharten anpassen.

Tägliche Minutenpflege ist ein Muss

Mehr als andere Aquarientypen brauchen Nanos Pflege. Das bedeutet nicht, dass Sie dafür täglich mehrere Stunden aufwenden müssen. Ein paar Minuten genügen schon. Ihre Aufgaben umfassen dabei eine gezielte und behutsame Fütterung, die Kontrolle der Vitalität der Tiere und der Funktionstüchtigkeit der Technik sowie die Planung und Vorbereitung von Futter und Wasser für die nächsten Tage. Nano-Tiere sind winzig, darum verfügen sie über wenig Reserven und oft über geringere Widerstandskräfte, um lange Pflegepausen zu überbrücken.

Natürliche Lebensräume von Nano-Tieren

Die natürlichen Lebensräume der Aquarientiere zu kennen ist die wichtigste Voraussetzung für eine artgerechte Haltung. Tiere für Nano-Becken gehören sehr verschiedenen Gruppen an. Was sie verbindet, ist ihre kleine Körpergröße, mit der sie in der Natur Lebensräume erobern konnten, die manchen großen Arten verschlossen geblieben sind. Zwar können sich kleine Fische in starker Strömung schlechter halten als große Arten, weil sie dieser keine große Muskelkraft entgegenzusetzen haben. Andererseits gelingt es ihnen aber auch wesentlich leichter, in kleinräumigen Biotopen auf Nahrungssuche zu gehen und sich dort sowohl vor einer allzu starken Strömung als auch vor ihren Fressfeinden – großen Raubfischen, deren leichte Beute sie im freien Wasser wären –, zu verstecken.

Dieser verkrautete Bach ist ein idealer Lebensraum für Scarlett-Zwergblaubarsche. Die Fische schätzen reich strukturierte Uferbereiche.

Im Folgenden stellen wir Ihnen exemplarisch die drei wichtigsten Lebensräume vor, die Kleinstfische und Garnelen in der Natur besiedeln. Die Beschreibungen können als Grundlage für die Nachahmung im Aquarium dienen.

Verkrautete Stillwasserbereiche

Wenn es Wasserqualität und Lichtverhältnisse zulassen, wachsen dichte Bestände feinfiedriger Wasserpflanzen in den meisten stillen Gewässerbereichen. Kleine Tümpel, Gräben und Sümpfe können sogar vollständig zugewachsen sein. Bei einer Wasserqualität, die kaum Pflanzenwuchs zulässt, etwa in Schwarzwasser (→ Seite 17), bieten ins Wasser hängende Landpflanzen den gleichen Lebensraum wie Wasserpflanzendickichte. Schwarmfische wie Salmler und Bärblinge erbeuten am Rand dieser Dickichte kleine Futterpartikel. Immer auf der Hut, bleibt ihnen dort die Möglichkeit, sich bei Gefahr schnell zurückzuziehen.

Auf der Suche nach kleinen Futtertieren, die reichlich zwischen den feinfiedrigen Pflanzen zu finden sind, »kriechen« eher einzelgängerisch veranlagte Arten mit langsamen Bewegungen im Pflanzengestrüpp umher. Mit einem Saugmaul ausgestattete kleine Welse, z. B. Ohrgitterharnischwelse, dagegen zupfen von breitblättrigen Pflanzen Algen und dort lebende Kleintiere ab. Unter der Oberfläche oft sumpfiger, sauerstoffarmer Gewässer bauen die Männchen der Zwergkampffische oder Zwergguramis ihre Schaumnester. Panzerwelse stöbern im feinen, weichen Bodengrund, der sich im Wurzelbereich des Pflanzendickichts angelagert hat, nach Würmern und Insektenlarven.

Kleinste Regenwaldbäche

Manche Bäche weisen nur einen Wasserstand von wenigen Zentimetern auf. Deshalb sind diese meist klaren und verhaltnismäßig kühlen Gewässer fast ausschließlich kleinen Fischarten vorbehalten. Solche Bäche bieten verschiedenen Fisch- und Garnelenarten wertvolle Lebensräume. Hechtlinge leben direkt unter der Wasseroberfläche, um vom Uferbewuchs heruntergefallene Insekten zu erhaschen. Andere Killifischarten, wie z. B. der Kap Lopez, stehen in geschützten Stillwasserbereichen in Ufernähe direkt unter der Wasseroberfläche, um ebenfalls Insekten aufzulauern. Grundeln und Garnelen lieben Falllaub, wobei Grundeln die Blätter auch als Laichhöhlen annehmen. Neben herabgefallenen Blättern nutzen Schwarmfische auch das verfilzte Wurzelgeflecht am Wasser stehender Bäume, um dort abzulaichen und sich zu verstecken. Der Bodengrund dieser Bäche ist meist sandig mit etwas Kies. Im Sand suchen Welse und Barben nach Nahrung. Wenn die Lichtverhältnisse nicht durch Bäume zu stark eingeschränkt sind, schaffen langblättrige Wasserpflanzen mit ihren wogenden Blättern auch in heftig strömenden Bächen Stillwasserzonen, die tagsüber nachtaktiven Fischen als Schlafplatz oder kleinen Saugwelsen als Futterplatz dienen. Interessanterweise gehören die Fische aus kleinen klaren Regenwaldbächen zu den buntesten überhaupt. Sie nutzen mithilfe ihrer reflektierenden Leuchtfarben das wenige Licht, das das Kronendach der Bäume zum Boden hindurchlässt. Auf diese Weise machen sie während der Balz auf sich aufmerksam.

Flachwasserzonen

Auch im Einzugsgebiet größerer Fließgewässer finden sich Lebensräume, in denen Kleinfische Schutz vor Fressfeinden, aber auch Bereiche mit geringer

In einem thailändischen Schwarzwasserbach stehen Hunderte Zwergbärblinge im flachen Uferbereich zwischen schilfähnlichen Pflanzen.

Strömung und einen reich gedeckten Tisch vorfinden. In Buchten, abgetrennten Flussarmen oder in den während der Regenzeit weit über den Hauptstrom reichenden Überschwemmungszonen bedeckt im Regenwald eine manchmal halbmeterdicke Falllaubschicht den Gewässergrund. Die zerfallenden Blätter bieten die Nahrungsgrundlage für viele Kleinlebewesen, vor allem Garnelen. Daneben wirken sie auch als Fangnetz für langsam vorbeitreibende Futterpartikel. Alle Tiere mästen sich während der Regenzeit an dem reich gedeckten Tisch des überschwemmten Regenwalds, schwärmen dabei über weite Gebiete aus und pflanzen sich dort noch im gleichen Jahr fort.

Die gleichen Verhältnisse gelten auch für die Fließgewässer der Savannen. Sie treten über die Ufer und bilden Flachwasserzonen und Tümpel für kleine Killifische, z. B. Prachtgrundkärpflinge.

Nano-Einrichtung Schritt für Schritt

Becken und Technik stehen bereit, Pflanzen, Bodengrund und Dekomaterialien sind in Wartestellung und das richtige Wasser steht in Kanistern parat – das Nano kann aufgestellt und eingerichtet werden.

Den richtigen Platz finden

Bevor Sie das Becken einrichten, sollten Sie den zukünftigen Standort des Aquariums festgelegt haben. Da es im kleinen Wasservolumen leicht zu Temperaturschwankungen kommt, darf ein Nano-Becken nur an Orten ohne direkte Sonneneinstrahlung und in einiger Entfernung von Heizkörpern aufgestellt werden. Ebenfalls wichtig ist, dass es an einem ruhigen und erschütterungsfreien Ort, z. B. im Wohnzimmer, steht. Manche Fischarten sind besonders schreckhaft und können durch zu viel Betrieb vor der Aquarienscheibe leicht gestresst werden. Stellen Sie das Becken auf einen ebenen Unterbau mit einer elastischen Unterlage, z. B. Styropor (Zoofachhandel, Baumarkt), die Unebenheiten ausgleicht und so Glasbruch vermeidet.

Bodengrund und Deko wählen

Wenn Sie im Boden wurzelnde Pflanzen verwenden, befüllen Sie das Becken etwa 5 cm hoch mit Quarzsand (Flusssand) oder Quarzkies (nicht scharfkantig), der eine bis zu 2 mm große Körnung aufweist. Bringen Sie dabei den Bodengrund-Depotdünger (→ Seite 19) sehr sparsam in die unterste Schicht ein. Wird auf wurzelnde Pflanzen verzichtet, reicht eine Bodengrundhöhe von 1 cm. Als Dekomaterialien kommen vor allem kleine Wurzeln aus dem Zoofachhandel (Moorkien-, Mopani- und Savannenholz) sowie kleinere kalkfreie Steine in Frage.

Vorbereitungen zur Einrichtung

Gehen Sie am besten Schritt für Schritt vor, dann gelingt das erste Einrichten auf Anhieb:

Bodengrund waschen, Wurzeln und Steine abspülen Flusssand oder -kies enthält viele Feinpartikel, die bei der Befüllung des Aquariums zu Wassertrübungen führen. Daher ist es besser, den Bodengrund in einem Eimer so lange unter fließendem Wasser auszuwaschen, bis das ablaufende Wasser klar bleibt. Dekomaterial ist oft verstaubt und erdig, deswegen ebenfalls gut abspülen.

Pflanzen vorbereiten Von Pflanzen in Töpfen entfernt man vorsichtig Topf und Pflanzsubstrat. Sehr lange Wurzeln kürzt man auf etwa 3 bis 4 cm Länge.

Viele Zwergfische fühlen sich mit einer Deko aus braunem Herbstlaub am Beckenboden wohl.

Frisch gekaufte Pflanzen sollten vor dem Einsetzen etwa 20 Min. in einem Alaunbad desinfiziert werden (1 Teelöffel Alaunsalz aus der Apotheke auf 1 l Wasser). So verhindert man die Einschleppung unerwünschter Schnecken und Parasiten. Nach dem Bad die Pflanzen gründlich spülen. Mit Nylonfaden, schwarzem Baumwollfaden oder auch Haarnetzen (für Moospolster) bindet man Aufsitzerpflanzen an Steinen oder Wurzeln fest, damit sie nicht auftreiben (→ Foto Seite 29).

Technik vorbereiten Alle Geräte sorgfältig nach Gebrauchsanweisung so zusammenbauen, dass sie betriebsfertig sind.

Bepflanzung und Deko skizzieren Es ist sehr hilfreich, sich vorab aufzuzeichnen, wie Pflanzen und Einrichtungsgegenstände gruppiert werden

1. SCHRITT Je nach Pflanzenbesatz gewaschenen Bodengrund 1 bis 5 cm hoch einfüllen und Depotdünger in die unterste Schicht hinzufügen. Bodengrund mit Hand oder Spatel glätten. Vorbereitete Dekomaterialien inklusive Aufsitzerpflanzen durch Eindrücken in den Bodengrund stabil positionieren. Technische Geräte so installieren, dass sie nur noch in Betrieb genommen werden müssen.

2. SCHRITT Auf den Bodengrund eine Tasse stellen und in diese das Wasser gießen, damit der Bodengrund nicht aufwirbelt. Rasenbildende Pflanzen in geringem Abstand zueinander mit einer Pinzette setzen, Stängelpflanzen an die Beckenseiten oder in den Hintergrund und größere Rosettenpflanzen an zentralen Stellen einpflanzen. Becken befüllen und Technik in Betrieb nehmen.

3. SCHRITT In den folgenden Wochen befindet sich das Becken in der Einfahrphase (→ Seite 28). Während die Pflanzen anwachsen und sich die Bakterien in Filter und Bodengrund vermehren, sollte wenig im Becken unternommen werden. Erst wenn die Einfahrphase abgeschlossen ist, dürfen Fische und andere Tiere eingesetzt werden (→ Seite 44).

sollen. So vermeidet man später, wenn bereits die Tiere Einzug gehalten haben, unnötige und störende Unruhe durch mehrmaliges Umdekorieren. Bei der Bepflanzung sollten Sie die unterschiedlichen Wuchsformen und -geschwindigkeiten bedenken: Während Cryptocorynen, Anubias und Javafarn relativ langsam wachsen, schießen rasenbildende Pflanzen und Stängelpflanzen rasch in die Höhe.

› Rasenbildende Arten setzen Sie einzeln im Abstand von 1 bis 2 cm im Vordergrund ein – es wird schnell eine zusammenhängende Fläche entstehen.

› Höhere Pflanzen bringen Sie so ein, dass sie frei stehen und auch noch etwas Spielraum zum Weiterwachsen haben: Nichts sieht hässlicher aus als eine in die Ecke »gequetschte« Solitärpflanze.

› Aufsitzerpflanzen können – im Gegensatz zu den verwurzelten Arten – leicht mit ihrem Substrat verschoben werden, um den besten Gesamteindruck zu erzielen.

Einfahrphase – der wichtigste Schritt

Ist das Aquarium eingerichtet und in Betrieb, muss es »eingefahren« werden. Während der ersten zwei bis vier Wochen wird ihr Aquarium biologisch aktiv, das heißt, nützliche und wichtige Bakterienstämme in Filter und Bodengrund bauen sich allmählich auf, denn sie sind nicht von Anfang an vorhanden. Die Einfahrphase geht in folgenden Schritten vor sich:

› Am Tag der Neueinrichtung ist das Aquarium biologisch nahezu tot. Es gibt noch fast keine nützlichen Bakterien in Bodengrund und Filter.

› Schon nach einem Tag entstehen im Wasser giftige Zersetzungsprodukte aus kleinsten Mengen organischer Abfallprodukte, z. B. verrottendem Pflanzenmaterial. Bereits ab dem zweiten Tag entstehen weitere Schadstoffe, besonders das für Fische und Garnelen hochgiftige Nitrit. Noch immer sind nicht genügend Bakterien vorhanden, die diese giftigen Stoffe neutralisieren könnten.

› Nach zwei bis drei Wochen haben sich die Bakterien so weit vermehrt, dass sie die Schadstoffe in das weniger schädliche Nitrat umwandeln können.

› Erst wenn sich nach zwei bis drei Wochen mithilfe von Wassertests aus dem Zoofachhandel kein Nitrit mehr nachweisen lässt, kann man davon ausgehen, dass sich die Selbstreinigungskräfte des Beckens stabilisiert haben. Jetzt dürfen Fische und andere Tiere eingesetzt werden.

› Führen Sie ab jetzt eine regelmäßige Kontrolle des Nitritwerts durch, mindestens alle drei Tage.

› Ist die Einfahrphase nach drei bis vier Wochen abgeschlossen, bleibt ein Teilwasserwechsel von einem Viertel bis einem Drittel des Wassers mindestens einmal pro Woche unumgänglich, weil sich sonst Nitrat und andere Stoffe anhäufen würden.

Das Einfahren **verkürzen**

Die Einfahrphase braucht– wie im Text erläutert – seine Zeit. Um die Startzahl der Bakterien von Anfang an zu erhöhen, gibt es verschiedene Tricks: So kann man entweder gebrauchtes Filtermaterial aus einem laufenden Becken einsetzen oder sogenannte Filterstarter aus dem Zoofachhandel verwenden. Eine andere Methode verspricht ebenfalls Erfolg: eine Handvoll ungedüngte, unbelastete Erde in ein Gefäß geben, darin 1 l Wasser einfüllen, umrühren und dann das Ganze zwei bis drei Stunden stehen lassen. Wenn das Wasser klar ist, gießt man es durch ein Sieb ins Nano, damit keine Erde hineingerät. Mithilfe dieser Tricks verkürzt sich die Einfahrphase auf rund eine Woche.

AUFGEBUNDENE PFLANZEN Aufsitzerpflanzen wie Javafarn, Moose oder Zwergspeerblatt wachsen mit kleinen Haftorganen an festen Unterlagen fest. Bis es aber so weit ist, müssen sie mit Nylon- oder Baumwollfäden oder Haarnetzen festgebunden werden, damit sie nicht aufschwimmen. Bis man unansehnliche Aufbindematerialien wieder entfernen kann, vergehen einige Wochen. Verrottbare Materialien wie Baumwollfäden haben den Vorteil, dass sie nicht entfernt werden müssen.

STEINE UND WURZELN Im Aquarienfachhandel gibt es eine breite Auswahl an Steinen und Wurzeln. Kaufen Sie kleine Exemplare, die die Minibecken nicht zu stark dominieren. Wässern und säubern Sie Wurzeln vor dem Einbringen oder kochen Sie sie im Topf aus. Verwenden Sie keine Wurzeln aus dem Wald, die noch faulen können. Steine sollten kalkfrei sein. Tropfen Sie als Test Essigessenz auf einen Stein: Schäumt es, ist er kalkhaltig.

HÖHLENVERSTECKE Viele Fische lieben Höhlen, die man aus unbehandeltem Bambusrohr, selbst getöpferten oder gekauften Tonröhren, halbierten Kokosnussschalen oder auch Plastikröhren herstellt.

Nano-Aquarien im Porträt

Es gibt viele Möglichkeiten, ein Nano-Becken artgerecht und ästhetisch einzurichten. Als wichtigste Leitlinie dienen dabei die Ansprüche der Bewohner an Wasserqualität, Einrichtung und – falls mehrere Arten gehalten werden – Vergesellschaftungsmöglichkeiten. Auf den folgenden Seiten stellen wir vier Nano-Typen vor und geben Tipps für Einrichtung, Bepflanzung und Pflege. Als Tierbesatz nennen wir jeweils mindestens drei Arten, die hervorragend zum dargestellten Nano-Typ passen. Alle Angaben in den Porträts beziehen sich auf ein 25-l-Aquarium. Benötigen manche Arten ein größeres Becken (etwa Schwarmfische), so merken wir dies extra an. Im 12-l-Nano sollten Sie immer nur eine Tierart pflegen.

Die richtige Auswahl der Tiere

Der Zoofachhandel bietet mehrere hundert Fisch- und Krebstierarten an, von denen aber nur ein Bruchteil für Nano-Aquarien geeignet ist. Worauf kommt es im Allgemeinen bei der Auswahl der Tiere an?

Nano-Aquarien können an den unterschiedlichsten Orten in der Wohnung aufgestellt werden. Am besten wählen Sie einen ruhigen Standort, der sich weder am Fensterbrett noch in Heizungsnähe befindet.

› Wählen Sie nur solche Arten aus, die sehr klein bleiben. Die Tiere sollten höchstens 3,5 cm lang werden (in 12-l-Nanos besser 2,5 bis 3 cm), eher ruhige als hektische oder schreckhafte Schwimmer sein und keine großen Revieransprüche stellen. Viele für Nano-Becken geeignete Arten tragen deutsche Namen, die mit »Zwerg-« beginnen.

› Informieren Sie sich über die Pflegeansprüche der Tiere, wenn Sie Arten halten wollen, die Sie nicht in diesem Buch finden. Prüfen Sie, ob Sie die richtigen Wasservoraussetzungen bieten können. Auf Weich- oder Schwarzwasser spezialisierte Fische benötigen z. B. aufbereitetes Wasser, weil es meist nicht in der gewünschten Qualität direkt aus der Leitung fließt. Auch die Futteransprüche unterscheiden sich stark.

› Wählen Sie Fische und Garnelen nicht nur nach farblichen Gesichtspunkten aus. Manche Arten zeichnen sich durch besondere Verhaltensweisen aus, die vielleicht nur manchmal, z. B. zur Paarungszeit, in Erscheinung treten. Dabei legen sie ein vielfältiges Verhalten an den Tag. So werden Sie sicher begeistert beobachten, wie das Männchen des Knurrenden Zwergguramis nicht nur ein Schaumnest für die Eier baut, sondern sich mit deutlich hörbaren knurrenden Geräuschen in Szene setzt.

› Vermeiden Sie auf alle Fälle Überbesatz. Die Angaben in den Porträts helfen Ihnen herauszufinden, wie viele Individuen Sie maximal unterbringen sollten. Dabei gilt die Regel: Weniger ist immer besser.

› Falls Sie in einem größeren Nano (ab 25 l) mehr als eine Tierart pflegen möchten, vergleichen Sie die Pflegeansprüche aller gewünschten Arten, ob sie zueinander passen. Vergesellschaften Sie immer eine bodenbewohnende Art mit einer Art, die die mittleren oder oberen Wasserschichten bevorzugt. Ein Nano-Becken ist zu klein, um zwei Arten zu pflegen, die denselben Wasserbereich nutzen.

Schutzbedürfnisse befriedigen

TIPPS VOM AQUARIENEXPERTEN
Ulrich Schliewen

WARUM SCHUTZ? Die meisten Fische haben in der Natur Feinde und sind daher ständig auf der Hut vor möglichen Angriffen. Besonders Wildfänge reagieren oft ängstlich auf Aktivitäten vor dem Aquarium. Bieten Sie ihnen deshalb Schutz, um ihnen die Schreckhaftigkeit zu nehmen.

RÜCKZUG Schaffen Sie genügend Rückzugsmöglichkeiten, etwa eine dichte Randbepflanzung und eine Schwimmpflanzendecke. Letztere befriedigt das wichtige Schutzbedürfnis vor vermeintlichen Feinden aus der Luft, also etwa fischfressenden Vögeln. Bodenbewohnern bietet man kleine Unterstände aus Wurzeln, Steinen oder Höhlen. Tiere, die bei Gefahr in solche »Schutzgebiete« flüchten können, werden sich eher im freien Schwimmraum zeigen, da sie sich im Zweifelsfall jederzeit zurückziehen können.

MUTIGE VORBILDER Vergesellschaften Sie scheue mit nicht scheuen Arten. In größeren Nanos (ab 25 l) können Sie ängstliche Fische der mittleren und unteren Beckenregion, z. B. Perlhuhnbärblinge, gemeinsam mit unbekümmerten Oberflächenarten, z. B. Zwerghechtlingen, halten.

Südamerika-Nano

Der Regenwald Südamerikas beherbergt die artenreichste Süßwasserfischfauna weltweit. Kein Wunder, dass hier die meisten Zwergfischarten leben. Eine große Anzahl stammt aus nährstoffarmen Urwald- oder Savannenbächen, die leicht bis stark saures Wasser aufweisen. Diese Fließgewässer sind – zumindest in der Trockenzeit – kristallklar und enthalten reichlich Wasserpflanzen. Weist das Wasser gleichzeitig eine bräunliche Färbung auf, wird es als sogenanntes Schwarzwasser bezeichnet (→ Seite 17). In der Regel wird es durch einen sehr geringen Pflanzenwuchs charakterisiert.

Arten Die beliebtesten Arten aus Südamerika kommen aus der Gruppe der Salmler und Panzerwelse, die nur in größeren Nano-Becken ab 35 l miteinander vergesellschaftet werden können. Daneben gibt es in Südamerika kleine Killifische aus der Gattung *Rivulus*, die ähnlich wie der Kap Lopez aus Afrika (→ Seite 35) zu pflegen sind.

Einrichtung Mehr als andere Nano-Typen leben die Südamerika-Nanos vom bunten Zusammenspiel der Schwarmfische oder der Panzerwelse mit prächtigen südamerikanischen Wasserpflanzen. Eine Einrichtungsvariante besteht darin, feinkiesigen Bodengrund mit Grasartigen Schwertpflanzen und Schwimmpflanzen zu kombinieren. Die Deko kann mit einer kleinen Wurzel und Aufsitzerpflanzen abgerundet werden. Bunte Salmler finden zwischen den Grasartigen Schwertpflanzen Rückzugsmöglichkeiten, und die Männchen bilden in Pflanzlücken Kleinstreviere aus. Wer bodenlebende Panzerwelse halten möchte, benötigt statt dem Kiesgrund einen Sandboden mit lockerer Bepflanzung, damit genügend Platz zum Gründeln vorhanden ist.

Besatz Grundsätzlich gilt folgende Faustregel: Im 12-l-Nano hält man immer nur eine einzige Art. Im 25-l-Becken lässt sich die jeweilige Art mit einem Trio Ohrgitterharnischwelse (*Macrotocinclus* spec.) vergesellschaften. Diese Welse sorgen für die Algenkontrolle. Fasst das Aquarium mindestens 35 l, kann man zwei Arten plus ein Trio Ohrgitterharnischwelse halten.

Besonderes Pflegt man Ohrgitterharnischwelse in seinem Nano, muss man den Tieren zusätzlich grünes Trockenfutter anbieten, denn die Algen allein reichen nicht aus.

Nannostomus marginatus

Zwergziersalmler

3,5 cm. **Herkunft** Stillwasserfisch, der in Amazonien in Gewässern mit reichlich Pflanzenwuchs lebt. **Pflege** Weiches, leicht saures Wasser (pH 6–6,5); 22–26 °C. Dichte Bepflanzung mit Schwimmraum dazwischen. 7 Tiere halten, davon 3 Männchen und 4 Weibchen. Frisst feines Lebendfutter, z. B. Artemia-Nauplien, nimmt nach Gewöhnung aber auch Frostfutter und pflanzliches Trockenfutter. **Vergesellschaftung** In 25 l mit 3 Ohrgitterharnischwelsen; in 35 l zusätzlich mit 12 Feuersalmlern. **Ähnlich** Purple-Zwergziersalmler (*Nannostomus* sp. »purple«), 3,5 cm.

Hyphessobrycon amandae

Feuersalmler

3 cm. **Herkunft** Schwarzwassergebiet in Südbrasilien. **Pflege** Weiches, saures Wasser (pH 5–6); 24–28 °C. Rote Färbung kommt nur in torfgefiltertem, weichem, saurem Wasser zum Vorschein. Dunkler Bodengrund mit dichter Bepflanzung. Schwarmfisch, daher mindestens 12 Tiere halten. Ernährung mit kleinen Futtersorten (z. B. Cyclops, Artemia-Nauplien, Trockenfutter). **Vergesellschaftung** In 25 l mit 3 Ohrgitterharnischwelsen; in 35 l zusätzlich mit 6 Weichwasser liebenden Panzerwelsen (z. B *Aspidoras pauciradiatus*). **Ähnlich** Blauer Neon (*Paracheirodon simulans*), 3,5 cm.

Corydoras habrosus

Schachbrett-Panzerwels

3 cm. **Herkunft** Sandige Bäche Venezuelas. **Pflege** Weiches bis hartes Wasser, pH 6–7,5; 24–27 °C. Im Becken teilweise Sandboden mit lockerer Bepflanzung anbieten. Mindestens 8 Tiere halten. Ernährung mit gefrosteten Hüpferlingen, Futtertabletten (stückchenweise) und kleinem Wurmfutter. **Vergesellschaftung** in 25 l mit 3 Ohrgitterharnischwelsen; in 35 l zusätzlich mit 7 Zwergziersalmern oder 12 Feuersalmern. **Ähnlich** Zwergpanzerwels *(C. pygmaeus)*, 3 cm; Sichelfleck-Panzerwels *(C. hastatus)*, 3,5 cm; *Aspidoras pauciradiatus*, 3 cm.

Westafrika-Nano

Die meisten westafrikanischen Nano-Fische stammen aus kühlen, schattigen Regenwaldbächen, die hauptsächlich Sandboden und Totholzansammlungen aufweisen. Wasserpflanzen sind eher rar.
Arten Zwergbarben und Killifische dominieren. Killifische sind meist sehr bunt und kommen selbst in kleinsten knöcheltiefen Rinnsalen vor – sie sind sozusagen von Natur aus an Nano-Verhältnisse angepasst. Deshalb darf man in diesen Ausnahmefällen auch ohne schlechtes Gewissen den bis zu 6 cm großen Kap Lopez selbst im 12-l-Nano halten.
Einrichtung Weil es wenig echte Wasserpflanzen in Westafrika gibt, dafür aber wunderschöne Aufsitzerpflanzen aus der Gattung *Anubias*, bietet sich eine dunkel gehaltene Einrichtung mit rotbraunem Sandboden und Wurzeln sowie aufgebundenen Aufsitzerpflanzen an. Die schillernden Farben, die vor allem die Killifische so reizvoll machen, kommen nur bei sehr geringer Beleuchtung zur Geltung. Diese wiederum vertragen fast nur *Anubias* und Javamoos. In zu hellen Becken bleiben die Tiere blass und schreckhaft.
Besatz In größeren Becken ab 35 l lassen sich Zwergbarben und Killis gut vergesellschaften, in kleineren Nanos bis 25 l ist dafür jedoch zu wenig Platz. Darin pflegt man folglich nur jeweils eine Art. Afrikanische Zwergbarben sind gesellige Schwarmfische, die im Trupp gehalten werden müssen. Sie wühlen gern im weichen Bodengrund. Will man bei Killifischen, also z. B. dem Kap Lopez, Nachwuchs züchten, hält man den Fisch als einzelne Art.
Besonderes Die meisten Killis laichen regelmäßig in Oberflächennähe an Javamoos ab. Die Eier können von Hand abgesammelt werden, da sie sehr hartschalig sind. Man überführt sie in eine separate kleine Schale, gibt dem Wasser ein Antipilzmittel aus dem Zoofachhandel nach Vorschrift zu und lässt die Schale im Becken oder im Einhängekasten schwimmen. Nach etwa 14 Tagen schlüpfen die Larven. Zwei bis drei Tage vorher muss man das Wasser in der Schale durch Wasser aus dem Becken ersetzen. Die Jungfische werden in den Einhängekasten überführt und tropfenweise mit »Liquifry für Lebendgebärende« (von Interpet; aus dem Zoofachhandel) gefüttert; nach etwa einer Woche bietet man ihnen Artemia-Nauplien an.

Epiplatys annulatus

Zwergringelhechtling

3,5 cm. **Herkunft** Insektenfressender Oberflächenfisch in pflanzenreichen Sumpfgewässern Westafrikas. **Pflege** Weiches bis mittelhartes, leicht saures Wasser (pH 6–7); 21–25 °C. Becken dicht bepflanzen, Schwimmpflanzendecke anbieten. 1 Männchen mit 2 bis 3 Weibchen halten. Frisst Trockenfutter und feines Lebendfutter. Weibchen laichen an Schwimmpflanzen ab. Aufzucht der Larven mit Pantoffeltierchen in Einhängekästen. **Vergesellschaftung** In 35 l mit 8 Zwergbarben oder 6–8 kleinen Bodenfischen. **Ähnlich** *Fenerbahce formosus*, 3 cm; *Aphyoplatys duboisi*, 3,5 cm.

Barbus jae

Rote Kamerun-Zwergbarbe

3 cm. **Herkunft** Kleinste Klarwasserbäche im Regenwald Zentralafrikas. **Pflege** Die lebhaften Barben sind nur für Nanos ab 25 l geeignet; weiches, leicht saures Wasser (pH 5,5–6,5); 22–24 °C. Becken mit teilweise sandigem Bodengrund, Wurzeln und Aufsitzerpflanzen einrichten. Mindestens 8 Tiere halten. Ernährung mit feinem Frost- und Lebendfutter, z. B. Hüpferlinge, Grindal. Zucht schwierig. **Vergesellschaftung** In 35 l mit Oberflächenfischen, z. B. 3 Zwergringelhechtlingen oder 3 Kap Lopez. **Ähnlich** Schmetterlingsbarbe *(Barbus hulstaerti)*, 3,5 cm.

Aphyosemion australe

Kap Lopez

6 cm. **Herkunft** Insektenfresser in kleinsten Regenwaldbächen der Küstenniederung Gabuns. **Pflege** Weiches bis mittelhartes, leicht saures Wasser (pH 5–6,5); 22–24 °C. Stellenweise dichte Bepflanzung, kleine Wurzeln als Unterschlupf. Im 12-l-Nano 1 Männchen mit 2 bis 3 Weibchen halten. Ernährung mit kleinen Insekten, feinem Frost- und Lebendfutter; zur Not Trockenfutter. Eier werden an Pflanzen abgelaicht und können im Einhängekasten erbrütet werden. **Vergesellschaftung** In 25 l mit 8 Zwergbarben. **Ähnlich** *Aphyosemion elberti*, 5 cm; *A. exiguum*, 4 cm.

Asien-Nano

Die typischen Lebensräume asiatischer Kleinfischarten finden sich in Kleingewässern, die in Torfsumpfwäldern liegen, immer Schwarzwasser führen und durch dicke Falllaubschichten gekennzeichnet sind. Oft kommen die Tiere auch in weniger offenen Landschaften vor, die klares oder trübes Wasser mit krautigem Pflanzenwuchs aufweisen. Manchmal leben die Tiere sogar in überfluteten Reisfeldern.
Arten Die Charakterarten dieser Gewässer gehören zu den beliebtesten Nano-Fischen überhaupt: Zwergbärblinge der Gattungen *Boraras* und *Danio*, Zwergblaubarsche der Gattung *Dario* und Labyrinthfische der Gattungen *Trichopsis, Betta* und *Parosphromenus.* Während Labyrinthfische sich als ausgesprochen zurückhaltend erweisen, sind Bärblinge und Zwergblaubarsche eher lebhaft.
Einrichtung Die oben genannten Lebensraumtypen lassen sich in Bezug auf Wasserqualität und Einrichtung kaum auf einen Nenner bringen. Schwarzwasserbecken sollten über Torf gefiltert werden und fast keine Karbonathärte aufweisen. Sie lassen sich nur mit wenigen säureresistenten Pflanzenarten wie Javamoos oder Zwergwasserschlauch bepflanzen. Die Einrichtung sollte eine dünne Sandschicht, kleine Wurzeln und einige trocken vom Baum gepflückte Herbstlaubblätter von der Buche bieten. »Krautbecken« hingegen bepflanzt man dicht mit Cryptocorynen, Javamoos, Javafarn und dem kleinen Wasserstern. Eine Schwimmpflanzendecke sorgt für Deckung.
Besatz Die etwas lebhafteren Bärblinge eignen sich in größeren Nanos ab 35 l als Gesellschaft für *Dario*-Arten und kleine Labyrinthfische. Letztere pflegt man paarweise.
Besonderes Auch die kleinsten Süßwasserfische der Welt, die *Paedocypris*-Arten, stammen aus den Schwarzwassergebieten Südostasiens. Sie werden kaum 1 cm groß. Man kann sie daher in einem Nano-Becken halten, wo sie sich allerdings nur sehr selten vermehren.
Die beliebten Labyrinthfische, z. B. die Knurrenden Zwergguramis, zeichnen sich durch eine besondere Fähigkeit aus. Über das sogenannte Labyrinth, ein stark gefaltetes Atmungsorgan in der hinteren Kopfregion, entziehen sie der atmosphärischen Luft an der Wasseroberfläche Sauerstoff.

Boraras maculatus
Zwergbärbling

2,5 cm. **Herkunft** Pflanzen- oder falllaubreiche Ufer langsam fließender oder stehender Gewässer Malaysias. **Pflege** Weiches bis mittelhartes, saures Wasser (pH 5–6,5; Torffilterung); 22–26 °C. Bepflanzung mit feinfiedrigen Arten und Schwimmpflanzendecke. Schwarmfisch, mindestens 12 Tiere halten. Ernährung mit feinem Lebendfutter, ab und zu Trockenfutter. **Vergesellschaftung** In 35 l mit einem Paar Zwergblaubarsche oder Zwergguramis. **Ähnlich** Moskito-Rasbora *(B. brigittae)*, Schwarzwasserfisch, 2 cm; Schwanzfleckbärbling *(B. urophthalmoides)*, 1,6 cm.

Dario dario
Scarlett-Zwergblaubarsch

3 cm. **Herkunft** Krautige Bäche Nordindiens. **Pflege** Weiches bis mittelhartes Wasser, pH 6,5–7,5; 20–26 °C. Dichter Pflanzenwuchs und Deko mit ein bis zwei gewässerten Buchenblättern. Relativ anspruchslose Art; 1 Männchen mit 2–3 Weibchen halten. Ernährung mit feinem Lebend- und Frostfutter, z. B. Hüpferlinge und Artemia-Nauplien. Die Tiere laichen in Javamoos, Jungfische wachsen selbstständig auf. Als Erstfutter fressen sie die im Nano vorhandenen Mikroorganismen. **Vergesellschaftung** In 35 l mit 12 Zwergbärblingen. **Ähnlich** *Dario hysginon*, 3,5 cm.

Trichopsis pumila
Knurrender Zwerggurami

4 cm. **Herkunft** Krautige Stillgewässer. **Pflege** pH-Werte über 5,5; 23–27 °C. Paarweise Haltung auch in kleinsten, dicht bepflanzten Nanos ab 12 l. Ernährung mit feinem Lebend- oder Trockenfutter. Das Männchen bildet Reviere aus und gibt hörbare Geräusche (Knurren) von sich. Es baut ein Schaumnest unter breitblättrigen Wasserpflanzen und pflegt die Eier. Fütterung der Larven 4 Tage nach dem Schlupf mit Artemia-Nauplien, nach 2 Wochen mit Grindal. **Vergesellschaftung** In 35 l mit 12 Zwergbärblingen.

Krebstierbecken

Der Boom der Nano-Aquarien hatte zunächst etwas mit den kleinen Garnelen zu tun, die immer beliebter wurden. Aus diesem Grund werden Nanos oft als »Garnelenaquarien« verkauft.

Arten Asiatische Zwerggarnelen aus den Gattungen *Caridina* und *Neocaridina* gehören zu den besonders attraktiven und beliebten Nano-Tieren. Inzwischen gibt es sogar Zuchtformen der Bienengarnele, für die mancherorts vierstellige Dollarbeträge gezahlt werden. Neben den Garnelen sind Minikrebse der Gattung *Cambarellus* sehr beliebt.

Einrichtung Die meisten Zwerggarnelen leben in Bächen, wo sie im Falllaub oder zwischen Wurzeln oder Blättern von Landpflanzen winzige Nahrungspartikel mit emsigen Scherenbewegungen aufsammeln. Zwergflusskrebse dagegen bevorzugen eher krautige Stillgewässer. Voraussetzung für die Pflege aller in einem Nano-Aquarium gehaltenen Garnelenarten ist ein sehr gut eingefahrenes Becken, in dem reichlich Mikroorganismen und sich zersetzendes Pflanzenmaterial, wie z. B. braunes Herbstlaub von Buchen oder Eichen, vorhanden sind. Luftbetriebene Schwammfilter und Hamburger Mattenfilter (→ Seite 11), die keine starke Strömung erzeugen, sind anderen Filtern vorzuziehen, denn die Garnelen können die Filteroberfläche als Fressplatz nutzen und dort Mikroorganismen absammeln. Feinkörniger Bodengrund, Wurzeln mit Javamoos und einige Herbstlaubblätter – mehr braucht die Einrichtung nicht aufzuweisen.

Besatz Die meisten Arten dürfen nicht zu warm gehalten werden. Sie eignen sich schon allein aus diesem Grund nicht für die Vergesellschaftung mit den meisten Süßwasseraquarienfischen. Eine Ausnahme bilden die Ohrgitterharnischwelse, die man im 25-l-Nano gut in Gemeinschaft mit den Garnelen pflegen kann. Zwerggarnelen müssen unbedingt in einer größeren Gruppe ab mindestens zehn Tieren gehalten werden. Zwergflusskrebse dagegen pflegt man paarweise oder einzeln.

Besonderes Viele Krebstierarten vermehren sich im Aquarium ohne weiteres Zutun. Die Weibchen tragen unter ihrem Hinterleib die Eipakete mit sich, aus denen sich nach gewisser Zeit selbstständig lebende Larven entwickeln. Diese können bei den Eltern im Becken bleiben.

Cambarellus patzcuarensis

Oranger Zwergflusskrebs

4 cm. **Herkunft** Krautige Ufer stehender Gewässer in Mexiko. **Pflege** Mindestens 25-l-Aquarium; Wasser mittelhart bis hart, auf keinen Fall sauer (pH 7–8); unbeheiztes Becken bei Temperaturen von 16–25 °C. Keine starke Filterung, damit stets etwas Mulm oder Falllaubreste als Nahrungsergänzung zum pflanzlichen Trockenfutter bereitstehen. Tiere paarweise halten. **Vergesellschaftung** Sollte man unterlassen, weil die Zwergflusskrebse sonst aufgrund ihrer zurückhaltenden Art nicht zuverlässig an das dargereichte Futter kommen. **Ähnlich** Weitere *Cambarellus*-Arten.

Caridina cf. cantonensis

Bienengarnele, Crystal-Red-Garnele

2 cm. **Herkunft** »Crystal Red« ist eine Zuchtform der Bienengarnele aus Südchina. **Pflege** Weiches bis mittelhartes Wasser, pH 6,5–7,5; Wintertemperaturen von 10–15 °C stimulieren zur Fortpflanzung; im Sommer 23–30 °C. Mindestens 12–20 Tiere halten. Ernährung mit Kaninchenfutter-Pellets (Stückchen) und Garnelen-Trockenfutter. Zucht: Befruchtete Weibchen tragen 4 Wochen die Eier mit sich, bis weit entwickelte Larven entlassen werden. **Vergesellschaftung** In 35 l mit 3 Ohrgitterharnischwelsen. **Ähnlich** Red-Fire-Garnele *(Neocaridina cf. heteropoda)*, 3 cm.

Caridina cf. babaulti »green«

Grüne Zwerggarnele

2 cm. **Herkunft** Verschiedenste Gewässertypen im asiatischen Tiefland von Myanmar bis Nordindien. **Pflege** Weiches bis mittelhartes Wasser, pH 6,5–7; schätzt höhere Temperaturen von 24–26 °C. Becken muss gut eingefahren und dicht bepflanzt sein. Ruhige, gesellige Garnelen, von denen mindestens 15 Tiere gehalten werden sollten. Ernährung durch gelegentliche Gaben von Kaninchenfutter-Pellets und winzigen Mengen Trockenfutter. **Vergesellschaftung** In 35 l mit 3 Ohrgitterharnischwelsen. **Ähnlich** Braune Zwerggarnele (*Caridina cf. babaulti* »Malaya«), 2,3 cm.

Juwelen für das Nano-Becken

Einige der schönsten Arten, die gerne gehalten und gezüchtet werden, stellen wir Ihnen hier vor. Manche davon erhält man nur auf spezielle Anfrage über den Zoofachhandel oder über spezialisierte Interessengruppen.

PERLHUHNBÄRBLINGE *(Danio margaritatus)* Diese Fische sind wunderschön, gesellig und anspruchslos. Sie brauchen eine dichte Bepflanzung.

SCHWARZEN ZWERGPRACHTGURAMIS Balzende Männchen dieser Gattung aus Südostasien (hier: *Parosphromenus nagyi*) gehören zu den attraktivsten Süßwasserfischen. Sie benötigen sehr weiches und saures Wasser sowie feines Lebendfutter.

MOSKITORASBORA *(Boraras brigittae)* Dieser stammt aus Schwarzwassersümpfen Borneos, wo er mit anderen Zwergfischen vergesellschaftet ist. Der Schwarmfisch braucht niedrige pH- und Härtegrade.

NEOLEBIAS POWELLI Die Zwergsalmler lebt im Schwarzwasser des Nigerdeltas in Nigeria. Er braucht schummrige Beleuchtung und Weichwasser.

DIAPTERON CYANOSTICTUM Von dem Killifisch aus Gabun pflegt man ein Männchen und zwei Weibchen. Das Nano sollte weiches Wasser haben.

AXELRODS BÄRBLING Der Schwarzwasser-Bewohner aus Südostasien entfaltet seine Pracht in Nanos ab 25 l Inhalt .

SCHMETTERLINGSBARBE *(Barbus hulstaerti)* Dieser aus dem Kongo stammende schwimmfreudige Schwarmfisch eignet sich für Nanos ab 25 l. Nicht zu warm halten – am besten um 22 °C.

MATANO-KARDINALSGARNELE *(Neocaridina sp.)* Sie lebt im kristallklaren Matano-See auf der Insel Sulawesi unter Steinen. Über die Pflegeansprüche dieser Art ist noch wenig bekannt.

Kauf, Pflege und Zucht

Das Aquarium ist eingerichtet und bepflanzt, die Einfahrphase ist abgeschlossen. Endlich dürfen Fische und Krebstiere das Nano beziehen. Auf den folgenden Seiten erfahren Sie, worauf Sie beim Kauf achten sollten, wie sich der Pflegealltag gestaltet und wie Sie sogar Nachwuchs züchten können.

Die wichtigsten Tipps für den Kauf

Im Idealfall haben Sie sich schon vorher informiert, wo Sie die gewünschten Fische oder Krebstiere bekommen. Natürlich ist es wichtig, dass Sie gesunde Tiere erwerben, daher wenden Sie sich am besten an einen verlässlichen Zoofachhändler. Hilfreiche Tipps geben Ihnen der örtliche Aquarienverein oder andere erfahrene Aquarianer. Ein guter Zoofachhändler wird sich für Sie Zeit nehmen und gezielt Fragen zu Ihrem Aquarium stellen. Interessieren Sie sich für ausgefallenere Arten, die eher schwierig zu bekommen sind, wird Sie ebenfalls der Fachhandel unterstützen, da die Einzelhändler über verschiedene Lieferanten nach bestimmten Fischen fragen können. Doch es gibt auch eine Reihe von Aquarientieren, die aus diversen Gründen nur sporadisch im Handel auftauchen. Hier hilft es, sich an Spezialvereinigungen zu wenden (→ Adressen Seite 62), die Ihnen mit Rat und Tat zur Seite stehen.

Gesunde Tiere erkennen

Bevor Sie sich zum Kauf entschließen, sollten Sie die Vitalität Ihrer künftigen Aquarienbewohner kritisch in Augenschein nehmen. Viele Krankheiten lassen sich an eindeutigen Symptomen erkennen, manche leider nicht – zumindest nicht im Anfangsstadium. Beobachten Sie deshalb die ausgewählten Tiere eine Weile lang:

› Fressen sie problemlos? Lassen Sie sich notfalls zeigen, ob die Tiere Futter aufnehmen.
› Sind sie alters- und artgerecht aktiv?
› Wirken sie nicht abgemagert – mit eingefallener Bauchregion und kantigem Rücken (»Messerrücken«)?
› Schwimmen sie im klaren Wasser oder weist vielleicht eine bläuliche, gelbliche oder grünliche Wasserfärbung auf Medikamente im Händlerbecken hin?

Sehr wichtig Kaufen Sie unter gar keinen Umständen Fische aus Becken mit krank wirkenden Tieren.

Heimtransport und Einsetzen der Fische

Fische und Garnelen werden in Plastikbeuteln transportiert, die etwa zu einem Drittel mit Wasser und zu zwei Dritteln mit Luft gefüllt sind. Bei Kälte legen Sie den Beutel in eine Styroporbox oder wickeln ihn dick in Zeitungspapier ein. Sobald Sie mit ihrer Neuerwerbung zu Hause sind, sollte das Einsetzen der Tiere in ihr neues Heim so stressfrei wie möglich erfolgen. So gehen Sie dabei vor:

Eintemperieren Legen Sie zunächst den Beutel ungeöffnet auf die Wasseroberfläche im Aquarium und lassen ihn dort etwa eine halbe Stunde zum Temperaturausgleich treiben.

Eingewöhnen Damit sich die Fische an die neuen chemischen Wasserwerte gewöhnen können, öffnen Sie nach der halben Stunde den Beutel und geben vorsichtig etwa ein Viertel der Wassermenge, die schon im Beutel ist, aus dem Aquarium hinzu. Diesen Vorgang wiederholen Sie zweimal im Abstand von etwa einer Viertelstunde.

Einsetzen Nun sind Temperatur und Wasserwerte angeglichen. Fangen Sie jetzt die Tiere behutsam mit einem Netz aus dem Transportbeutel und übersiedeln Sie sie in ihr neues Heim.

Anfangsprobleme meistern

Nachdem die Tiere das neu eingerichtete Aquarium bezogen haben, können manchmal folgende Probleme im Becken auftreten.

Nitrit nachweisbar Oft sind die Nitritwerte nach dem Einsetzen der Fische mit Tröpfchentests plötzlich nachweisbar (→ Seite 9), obwohl die Werte nach abgeschlossener Einfahrphase und vor dem Einsetzen der Fische unter die Nachweisgrenze abgesunken waren. Ursachen für das plötzliche Auftreten des giftigen Nitrits ist, dass die Filterbakterien offenbar doch noch nicht in ausreichender Menge entwickelt waren oder dass der Fischbesatz zu hoch ist. Abhilfe verschafft man, indem man drei Viertel des Aquarienwassers auswechselt und diesen Vorgang einmal täglich so lange wiederholt, bis die Messwerte tadellos sind.

Die ausgewachsenen Männchen des Scarlett-Zwergblaubarsches zeigen ihre Prachtfärbung erst einige Zeit nach dem Einsetzen.

Zum Temperaturangleich legt man den Transportbeutel mit den Fischen etwa eine halbe Stunde lang auf die Wasseroberfläche des Beckens.

Mit einem feinmaschigen Netz fängt man die Fische aus dem Transportbeutel und entlässt sie ins Aquarium. So gerät kein Wasser aus dem Beutel ins Becken.

Trübung Eine milchige Trübung ist nach der Neueinrichtung oder nach einer Umräumaktion im Becken normal. Sie verschwindet spätestens nach ein paar Tagen von allein. Unternehmen Sie nichts!
Fadenalgen Besonders wenn Sie Bodengrunddünger bei der Einrichtung eingebracht haben, kann es zum massiven Wachstum langfädiger Fadenalgen kommen. Diese sollte man mit einem Stöckchen aufwickeln und regelmäßig entfernen.
Schmieralgen Nach der Neueinrichtung kann sich nach wenigen Tagen ein modrig riechender dunkelgrüner »Algenteppich« auf Bodengrund, Einrichtung und Pflanzen entwickeln. Dieser lässt sich zwar leicht entfernen, wächst aber innerhalb weniger Tage nach und überzieht alles erneut. Verursacher sind Bakterien, die als Blau- oder Schmieralgen bezeichnet werden. Leider gibt es kein Patentrezept gegen sie, weil man den genauen Grund für ihr Auftreten nicht kennt. Anscheinend lieben Schmieralgen instabile Verhältnisse, wie sie vorliegen, wenn das Becken noch nicht optimal eingefahren ist. Sie treten aber auch auf, wenn das Becken aus anderen Gründen nicht stabil ist. Am besten entfernt man die Bakterienmatten möglichst vollständig und über Wochen hinweg immer wieder durch Absaugen mit einem Schlauch (→ Seite 50). Wenn möglich, sollte das Aquarium gleichzeitig mehrere Tage abgedunkelt werden. Oft helfen eine Torffilterung oder das Einbringen von Seemandelbaumblättern.

Wirksame **Heilpflanze**

Die Blätter des in den Tropen weit verbreiteten Seemandelbaums *Terminalia catappa* sind nicht nur dekorativ, sondern geben auch keimhemmende Substanzen ab. Deswegen schadet es beim Transport der Tiere und im Aquarium nie, ein Seemandelbaumblatt in den Beutel und in das Aquarienwasser zu geben. Besonders Schwarzwasserfische schätzen diese Zugabe.

Ernährung im Überblick

Die Nahrung der Tiere, die in Nano-Becken gehalten werden, ist in der Natur extrem vielfältig. Sie besteht aus Plankton wie Krebstierchen und ihren Larven, winzigen Insekten, die auf das Wasser fallen, Insektenlarven, Würmchen und sogar Blütenstaub. Ebenso werden zersetzende Pflanzenblätter und nährstoffhaltiger Schlamm verzehrt. Weil sie an die natürliche Vielfalt angepasst sind, brauchen die Tiere auch im Aquarium eine abwechslungsreiche Diät.

Manche Arten lieben Futtertabletten. Allerdings ist die Futtermenge mit ihnen schwierig zu dosieren.

Trockenfutter

Trockenfutter wird auch von erfahrenen Aquarianern gern verwendet, weil es leicht verfügbar ist und die wichtigsten Grundbedürfnisse vieler Fische deckt. Die Ansprüche der meisten Nano-Bewohner lassen sich gut mit hochwertigem Flockenfutter oder feinem Granulat, am besten in Kombination mit Frost- und Lebendfutter, befriedigen. Ob sich eine Sorte für eine bestimmte Fischart eignet, hängt von der Darreichungsform und vom Gehalt an hochwertigen Inhaltsstoffen ab.

Verschiedene Darreichungsformen Trockenfutter gibt es als Flocken, Granulat, Tabletten und Pulver. Feines Granulat- und Flockenfutter wird gern von Freiwasserfischen angenommen, während Tabletten sich vor allem für Welse eignen. Besonders hochwertiges Futter ist ballaststoffhaltig und reich an natürlichen roten Inhaltsstoffen, die auch in vielen Krebstieren vorkommen (»Farbfutter«). Zudem weist es einen Anteil der Spirulina-Alge auf, in der viele wichtige Nährstoffe stecken. Für Garnelen gibt es speziell abgestimmtes Trockenfutter.

Kleine Mengen bereithalten Weil Nano-Tiere nur sehr wenig Futter verbrauchen, enthalten die meisten handelsüblichen Futterdosen zu große Mengen. Das Futter würde seine Qualität einbüßen, bevor es verbraucht ist. Am besten portionieren Sie es daher und frieren es ein, sodass immer nur kleinere Mengen offen sind. Bewahren Sie zudem das aufgetaute Trockenfutter luftdicht und im Kühlschrank auf.

Frostfutter

Gefrorene Futtertiere bewegen sich zwar nicht, enthalten aber dieselben wichtigen Bestandteile wie lebende Futtertiere – vorausgesetzt, das Frostfutter ist von hoher Qualität. Im Freiland gefangene Futtertiere sind bei richtiger Lagerung in ihrem Nährstoffgehalt vielen Trockenfuttersorten und auch gezüchteten oder lange auf Vorrat gehaltenen Futtertieren überlegen. Überdies gibt es tiefgefrorene Futtertiere in einem sehr reichhaltigen Sortiment.

Die wichtigsten Frostfuttersorten für Nano-Tiere
Dazu zählen verschiedene Kleinkrebse, die den Hauptteil des Planktons in stehenden Gewässern bilden und wegen des hohen Gehalts an Carotinoiden (natürliche rote Farbstoffe) besonders wertvoll sind. Auch Mückenlarven werden gern verfüttert.

› Wasserflöhe, darunter »normale« Wasserflöhe *(Daphnia)*, Japanische Wasserflöhe *(Moina)* und Bosmiden *(Bosmina)* gehören zum Standardsortiment. Daphnien sind ballaststoffreich und daher eine ideale Ergänzung anderer Futtersorten. Eine alleinige Fütterung mit Daphnien kann jedoch zu Mangelerscheinungen führen.

› Hüpferlinge *(Cyclops* und *Diaptomus)* sind kleiner als viele Wasserfloharten, dafür aber nährstoffreicher. Eine ausgewogene Ernährung allein mit *Cyclops* ist für viele Kleinfischarten daher möglich, aber wie jede einseitige Fütterung nicht optimal.

› Artemia-Nauplien nennt man die Larvenstadien der Salinenkrebse *(Artemia)*, die man aus Dauereiern erbrüten kann (→ Seite 48). Wir können sie auch als Frostfutter sehr empfehlen.

Sieben **goldene Fütterungsregeln**

TROCKEN- UND FROSTFUTTER	Eher weniger und immer nur so viel verfüttern, wie in zwei bis drei Minuten gefressen wird. Übrig gebliebenes Futter belastet das Wasser und muss entfernt werden.
LEBENDFUTTER	Kann etwas üppiger verabreicht werden, da die Tiere im Aquarium weiterleben. Eine Ausnahme sind die Artemia-Nauplien. Da sie natürlicherweise im Salzwasser vorkommen, sterben sie im Süßwasser.
GEFRIERFUTTER	Beim Kauf darauf achten, dass es nicht erkennbar aufgetaut war. Am besten taut man es unmittelbar vor der Fütterung auf und spült es in einem Sieb, um das Beckenwasser nicht mit Minipartikeln aus dem Auftauwasser zu belasten.
QUALITÄT	Nur hochwertige Futtersorten verwenden, die wertvolle Bestandteile enthalten, z. B. Spirulina-Algen.
ABWECHSLUNG	Die Kombination mehrerer Futtersorten inklusive Lebendfutter deckt die Nährstoffbedürfnisse besser ab als nur eine Futtersorte.
ARTTYPISCHE ANSPRÜCHE	Lebensgewohnheiten der einzelnen Tierarten beachten: Bodenfische nehmen kein Futter von der Oberfläche und umgekehrt; nachtaktive Arten fressen in der Regel tagsüber nicht.
MENGE	Mehrmals täglich wenig füttern ist besser als einmal viel – das gilt besonders für Jungfische. Ein Fastentag pro Woche tut gut.

› Schwarze, Rote und Weiße Mückenlarven sind für die meisten Nano-Fische zu groß, können aber zerkleinert werden. Besonders Schwarze Mückenlarven bieten einen optimalen Nährstoffgehalt.

Achtung Einige Menschen reagieren auf Rote Mückenlarven extrem allergisch! Bei Verdacht auf allergische Reaktion unbedingt Arzt aufsuchen.

Lebendfutter

Auch wenn Trocken- und Gefrierfutter alle nötigen Nährstoffe abdecken, ist die Gabe von Lebendfutter sinnvoll und für einige Fische sogar lebensnotwendig. Sie brauchen es, da bei ihnen nur die Bewegungen der Futtertiere den Fressreiz auslösen. Dies gilt für Nano-Bewohner, wie viele Grundeln, Zwergblaubarsche, einige Killifische und Prachtguramis.

Quellen für Lebendfutter Es gibt verschiedene Möglichkeiten, an lebende Futtertiere zu gelangen.

› Das Angebot im Zoofachhandel ist manchmal gut, schwankt aber saisonal. Meist sind die Futtertiere auch viel zu groß für die winzigen Nano-Bewohner.

› Die Futtertiere selbst zu fangen ist optimal, geht aber nur, wenn man über geeignete Fangmaterialien (Käscher mit einer Maschenweite von weniger als 80 µm), über geeignete Teiche und über die erforderlichen Genehmigungen der Grund- oder Fischereirechtsbesitzer verfügt. Die Möglichkeit steht also nicht jedem zur Verfügung. Zudem müssen die gefangenen Futtertiere nach Größe gesiebt und in belüfteten Behältern zwischengelagert werden. Im Internet findet man Informationen über den Bau oder Bezug von Käschern und Sieben.

› Die Zucht von Wasserflöhen und Mückenlarven in Regentonnen ist nur Grundstückseigentümern und nur während der warmen Jahreszeit möglich.

1 Artemia-Nauplien: Nach dem Verfüttern der Nauplien sollte man das Kulturgefäß mit warmem Wasser und Bürste säubern. So bildet sich kein Belag.

2 Grindalwürmer: Die Kultur sollten Sie alle drei Monate erneuern. Halten Sie stets mehrere in Betrieb, denn nicht alle Kulturen gedeihen gleich gut.

Zucht von Artemia-Nauplien

Eine ideale Option, an hochwertiges Lebenfutter zu kommen, ist die Züchtung von Artemia-Nauplien. Die Larven der Salinenkrebse, die aus Dauereiern mit wenig Aufwand zum Schlupf gebracht werden, bieten kleinen Fischen eine wertvolle Nahrungsquelle und sind normalerweise immer verfügbar.

Eier besorgen Die Dauereier gibt es im Zoofachhandel in verschiedenen Größensortierungen und Qualitäten. Wer keine Jungfische zu füttern hat, kann auch größere Eier nehmen, sollte aber auf die Frische achten (Verpackungsdatum). Als Vorrat besorgt man sich eine größere Menge Eier, portioniert sie in luftdicht abschließbaren Döschen (etwa 50 ml Volumen) und friert diese ein. So bleiben die Eier über ein Jahr haltbar. Der aktuell verwendeten Charge entnimmt man die Eier pro Fütterung, verschließt die Dose wieder und lagert sie im Kühlschrank.

Artemia-Nauplien erbrüten Benötigt man nur kleinere Mengen Nauplien, reichen spezielle Erbrütungsschalen (→ Abb. links), die man an einem warmen Ort (22–28 °C) aufstellt. Man füllt sie mit Salzwasser (30 g jodfreies Kochsalz oder Meersalz auf 1 l Wasser) und gibt pro zehn zu fütternde Fische etwa eine Messerspitze Artemia-Eier in das Salzwasser. Nach etwa 24 bis 36 Stunden (je wärmer, desto eher) schlüpfen die rötlichen Nauplien.

Nauplien verfüttern Man trennt die Nauplien von den Eierschalen, indem man das Brutgefäß neigt und dafür sorgt, dass es nur auf der unteren Seite beleuchtet wird. Die lichthungrigen Nauplien sammeln sich dort und können mit einer Pipette oder Plastikspritze vom Schalenboden abgesaugt werden. Man gibt sie in ein Artemia-Sieb (Zoofachhandel), spült sie unter Leitungswasser ab und setzt sie dann mit einem Teelöffel direkt ins Becken. Achten Sie darauf, dass keine Eierschalen verfüttert werden, weil diese das Wasser belasten und von manchen Fischen nicht vertragen werden.

Größere Mengen erbrüten Wer mehrere Nanos pflegt oder viele Nauplien benötigt, verwendet besser spezielle Artemia-Kulturgeräte aus dem Zoofachhandel. Dabei handelt es sich um belüftete Flaschen, in denen z. B. für die Jungfischaufzucht größere Eiermengen erbrütet werden können, ohne dass die Nauplien wegen der hohen Dichte an Sauerstoffmangel leiden.

Wichtig Betreiben Sie stets zwei Schalen oder Kulturgeräte, von denen Sie im Wechsel alle 24 Stunden eine neue ansetzen. So werden Sie immer genügend Artemia-Nauplien zur Verfügung haben. Schalen ab und zu mit heißem Wasser reinigen.

Grindalwürmer züchten

TIPPS VOM AQUARIENEXPERTEN
Ulrich Schliewen

Die sehr nahrhaften Grindalwürmer eignen sich als Ergänzungsfutter für bodenbewohnende Nano-Arten. Als Alleinfutter sind sie jedoch zu fetthaltig. So gehen Sie bei der Zucht der Würmer vor:

SCHRITT 1 Ein Stück Schaumstoff vorbereiten, das kreuzweise eingefurcht ist und in der Mitte eine Aussparung für das Futter aufweist. Den Schaumstoff in ein etwa 10 × 15 cm großes Plastikgefäß geben, z. B. in eine Frischkäseschachtel mit Gazefenster zur Belüftung (→ Abb. links).

SCHRITT 2 1 Teelöffel Trockenbabybreipulver, sehr weiche Haferflocken oder Haferflockenbrei als Wurmfutter in die Aussparung geben und befeuchten; Ansatz darf nicht im Wasser stehen.

SCHRITT 3 Zuchtansatz der Würmer (Bezug über Aquaristikzeitschriften oder Internet) dazugeben und auf den Schaumstoff eine kleine Glasplatte (Durchmesser ca. 8 cm) legen.

SCHRITT 4 Kultur an einen dunklen, warmen Ort stellen. Nach ein paar Tagen haben sich unter dem Deckel Würmer entwickelt, die Sie mit einem Pinsel abnehmen und direkt verfüttern können.

Die Pflege des Nanos in der Praxis

Der Pflegeaufwand für ein Nano-Becken hält sich in Grenzen. Allerdings sollte man das Aquarium täglich gründlich inspizieren, denn auf Pflegefehler reagiert das Nano wegen des geringen Wasservolumens viel empfindlicher als ein größeres Becken.

Der tägliche Blick auf das Nano

Die wichtigste Pflegemaßnahme ist die tägliche Beobachtung, Fütterung und Zählung aller Aquarienbewohner. Nehmen Sie sich Zeit bei der Fütterung, um möglichst jeden Fisch zu betrachten. Achten Sie auf Änderungen im Verhalten oder Aussehen und schauen Sie, ob alle Fische zur Fütterung erscheinen. Falls ein Bewohner – auch eine größere Schnecke – fehlt, muss man das tote Tier suchen und entfernen, damit das Aquarienwasser nicht belastet wird. Wenn Sie frühzeitig Probleme feststellen, können Sie gezielt dagegen vorgehen, etwa Krankheiten behandeln oder auch Fische trennen, die nicht zusammenpassen. Genauso wichtig ist es natürlich, die Technik täglich zu überprüfen: Läuft der Filter? Stimmt die Wassertemperatur?

Wöchentliche Pflegemaßnahmen

Teilwasserwechsel Kein Aquarium kommt ohne Teilwasserwechsel aus, der im Abstand von ein bis zwei Wochen durchgeführt wird. Dabei tauscht man etwa 20 Prozent der Wassermenge aus, denn selbst bei optimaler Pflege reichern sich Schadstoffe an, die weder von den Filterbakterien abgebaut noch von den Pflanzen aufgenommen werden können. Ein Wasserwechsel im Nano ist alles andere als aufwendig. Sie brauchen dazu nur einen dünnen Schlauch und zwei Gießkannen mit maximal 10 l. Falls Sie spezielles Wasser nutzen (→ Seite 16), muss zusätzlich ein Vorrat an aufbereitetem Wasser vorhanden sein. Stellen Sie vor dem Wasserwechsel alle technischen Geräte ab, um das Trockenlaufen von Pumpen und Heizern zu vermeiden. Dann lassen Sie etwa ein Fünftel des Aquarienwassers über den Schlauch in die Gießkanne laufen. Saugen Sie auch gleichzeitig auf dem Boden liegende Futterreste und Mulm mit ab. Geben sie danach das vorbereitete Wasser in das Becken – fertig.

Scheiben putzen Nicht nur Bodengrund, Pflanzen und Dekorationsmaterial werden mit der Zeit von Bakterien und Algen bewachsen, sondern auch die Aquarienscheiben. Obwohl ein leichtes Wachstum der Algen erwünscht ist, stören sie an der Front-

Mit einer Gießkanne lässt sich ein Teilwasserwechsel im Nano-Becken ganz leicht durchführen.

scheibe und lassen sich nur schwer entfernen, wenn sie zu lange dort wuchern. Das verhindern Sie am einfachsten mit einem Edelstahl-Scheuerpad oder einem Magnet-Scheibenreiniger. Putzen Sie einmal wöchentlich die Frontscheibe, auch wenn Sie keinen Algenwuchs entdecken können. So vermeiden Sie hartnäckigen Algenbefall.

Pflegearbeiten in größeren Intervallen

Filterreinigung Ein biologischer Filter ist das Herzstück jedes Aquariums und benötigt eine umsichtige Pflege. Allerdings ist dabei ein Zuviel ebenso schädlich wie ein Zuwenig. Waschen Sie daher zwischen den Teilwasserwechseln nur die erste Grobfilterschicht (je nach Filterart nicht immer vorhanden) unter handwarmem Wasser, bis das abfließende Wasser klar bleibt. Die folgenden Filterschichten haben eine längere Standzeit, weil die erste Schicht den Grobschmutz abfängt. Für die Filterwirkung der letzten Schichten ist es vorteilhafter, ihre Bakterienkulturen gar nicht zu stören. Nur falls es Anzeichen gibt, dass sich auch diese Schichten mit Filterschlamm zugesetzt haben, sollten sie ausgespült werden. Um die Bakterien nicht zu zerstören, kein heißes Wasser nehmen. Chemisch-physikalisch wirkende Filtermaterialien können nicht durch Auswaschen regeneriert werden. Deshalb müssen z. B. Torf und Aktivkohle regelmäßig ersetzt werden, wenn der gewünschte Filtereffekt noch nicht erreicht ist.

Wartung und Kalibrierung der Technik Einige Bauteile von Pumpen, Filtern und Beleuchtung verschmutzen und verschleißen mit der Zeit, sodass sie ersetzt oder nachgestellt werden müssen:

› Kleine Motorpumpen: Antriebsrad oder Pumpenachse verschmutzen und verschleißen leicht, was sich durch ein leises Rattern bemerkbar macht. Die Teile müssen nach Gebrauchsanweisung gereinigt oder ersetzt werden. Manchmal geraten auch kleine Schnecken hinein, die man entfernen muss.

› Membran-Luftpumpen: Die Gummimembran verschleißt nach ein bis zwei Jahren. Ersetzen Sie sie.

› Leuchtmittel: Leuchtstoffröhren erschöpfen sich mit der Zeit, obwohl sie noch Licht abgeben, sodass die Veränderung meist nicht auffällt. Auf die Pflanzenpflege kann sich dies jedoch negativ auswirken, weil sich dadurch die Lichtstärke und die spektrale Zusammensetzung des Lichts verändern. Die Röhren wechselt man in jährlichem Abstand aus.

› Verbrauchsmaterialien: Verbrauchsmittel von Kohlendioxid-Düngegeräten und Flüssig-Düngeautomaten müssen nachgefüllt werden.

1 Edelstahl-Scheuerpads aus dem Haushaltsbedarf eignen sich bestens dafür, Algenbewuchs von den Aquarienscheiben zu entfernen.

2 Die Mulmglocke verhindert, dass beim Absaugen des Bodengrunds zu viel Kies oder Sand abgesaugt wird. Verwenden Sie lieber einen dünneren Schlauch.

Die Pflege der Pflanzen

Damit die Wasserpflanzen im Aquarium dauerhaft gedeihen, brauchen sie eine besondere pflegerische Zuwendung, die man ihnen in Form der richtigen Nährstoffe und des passenden Aquarienwassers zukommen lässt. Sie benötigen auch Licht für die Photosynthese und müssen zudem vor Algen geschützt werden, die sie sonst überwuchern. Oft gedeihen die Pflanzen anfangs prächtig; nach einigen Monaten stagniert dann das Wachstum, und die Algen übernehmen das grüne Regiment.

Den Pflanzen Nährstoffe bieten

Nährstoffdünger Pflanzen beziehen ihre Nahrung über gelöste Stoffe aus dem Wasser und dem Bodengrund. Etwa einmal monatlich, bei starker Beleuchtung auch häufiger, brauchen sie eine Zugabe von Aquarienpflanzen-Flüssigdünger, den man nach Gebrauchsanweisung ins Wasser gibt. Topfpflanzendünger eignet sich nicht, da er zu starkem Algenwuchs führen würde. Man verwendet zwei Düngersorten, einen allgemeinen und einen Eisendünger.

Ein reich bepflanztes Becken sieht nicht nur schön aus, sondern schafft auch strukturierten Lebensraum. Damit das Nano nicht zuwuchert, müssen die Pflanzen regelmäßig ausgelichtet und eingekürzt werden.

Letzterer ist vor allem immer dann nötig, wenn die Pflanzen nicht mehr wachsen und statt grünen nur noch gelbe Blätter produzieren. Wurzelnde Pflanzen düngt man monatlich mit Bruchstücken spezieller Wasserpflanzen-Düngepellets, die man in den Bodengrund um den Wurzelbereich steckt.

Kohlendioxid (CO_2) Den wichtigsten Pflanzennährstoff setzt man hauptsächlich bei starker Beleuchtung, kräftigen Düngergaben und dichter Bepflanzung zu. Es gibt speziell für Nano-Becken mehr oder weniger stark automatisierte Geräte, die einer kontinuierlichen CO_2-Versorgung dienen. Wichtig ist, nur tagsüber mit CO_2 zu düngen, weil die Pflanzen es im Dunklen nicht verarbeiten. Wer mit CO_2 düngt, sollte den Zusammenhang zwischen Karbonathärte, CO_2-Gehalt und pH-Wert kennen (→ Seite 15).

Die Bepflanzung in Form halten

Damit das kleine Nano-Becken nicht im Handumdrehen zugewuchert ist, müssen die Pflanzen durch regelmäßiges Auslichten oder Zurückschneiden im Zaum gehalten werden. So geht man vor:

› Stängelpflanzen: Werden sie zu lang und eventuell unten kahl, zieht man sie aus dem Bodengrund, kürzt sie mit einer Schere von unten und setzt das obere Teil als Kopfsteckling wieder ein.

› Rosettenpflanzen: Überflüssige Ableger trennt man vorsichtig mit Daumen oder Schere noch im Bodengrund ab und entfernt sie.

Den Bodengrund belüften

Aquarienpflanzen brauchen einen atmenden Bodengrund mit guter Sauerstoffversorgung für die Wurzeln. Man erreicht dies, indem man alle paar Wochen den Bodengrund mit einem Stäbchen lockert. Oder man setzt Turmdeckelschnecken ein, die den Boden durchwühlen und auf diese Weise belüften.

Ohrgitterharnischwelse (*Otocinclus-* und *Macrotocinclus*-Arten) eignen sich in größeren Becken gut zur Kontrolle von Algen, die sie ständig abraspeln.

Algen **im Zaum halten**

Algenwuchs vor allem auf langsam wachsenden Aquarienpflanzen sind ein Problem, das man oft nur mit Mühe in den Griff bekommt. Manche Tiere fressen Algen und können deshalb zur Bekämpfung eingesetzt werden. Allerdings gibt es nur wenige für das Nano-Becken passende Zwergarten. Besonders geeignet sind *Otocinclus*-Saugwelse (»Otos«), die man in einer kleinen Gruppe von etwa drei bis fünf Tieren von Anfang an einsetzt. Auch viele Garnelenarten machen sich über Algen her. Welche Arten auch immer Sie nehmen, sorgen Sie bitte dafür, dass sie auch dann noch genügend Grünzeug bekommen, wenn der Großteil der Algen verputzt ist. Die meisten Arten nehmen als Ersatz kleine Zucchini-Stückchen, die man täglich erneuern muss.

Das Aquarium im Urlaub

Im Gegensatz zu den Fischarten in normal großen Aquarien verfügen die Zwergfische im Nano kaum über Nahrungsreserven. Sie sind daher nicht in der Lage, tagelange Hungerperioden schadlos zu überstehen. Dennoch können Sie unbesorgt verreisen, wenn Sie zuvor ein paar Vorbereitungen treffen.

Kurzurlaub Am einfachsten lässt sich eine Abwesenheit von wenigen Tagen überbrücken. Gesunde und erwachsene Fische werden vor Urlaubsantritt mit einer gehörigen Portion Lebendfutter versorgt, das mehrere Tage vorhält und Süßwasser verträgt (keine Artemien). Erwachsene Nano-Tiere können sogar ein bis zwei Tage ganz ohne Futter auskommen. Es ist also kein Problem, das Aquarium kurz ohne weitere Aufsicht allein zu lassen, vorausgesetzt, die Technik funktioniert reibungslos und der letzte Wasserwechsel liegt nicht zu lange zurück.

Längere Abwesenheit

Planen Sie einen längeren Urlaub, so gilt als wichtigste Grundregel: Bis auf einen Teilwasserwechsel keine Veränderungen kurz vor Antritt der Reise vornehmen! Keine neuen Geräte installieren oder gar neue Tiere einsetzen, denn Sie können nicht mehr überprüfen, ob die Neuerungen eventuell schädliche Auswirkungen haben oder nicht.

Eine Vertretung bestimmen Bei längerer Abwesenheit sollten Sie eine Person Ihres Vertrauens bitten, die Tiere regelmäßig zu füttern, die Technik zu kontrollieren und für Teilwasserwechsel zu sorgen. Handelt es sich bei dieser Person um keinen erfahrenen Aquarianer, müssen Sie sie über mehrere Tage sorgfältig anlernen, bis alle Handgriffe sitzen. Pflegen Sie ein einzelnes Nano-Becken, können Sie auch folgendermaßen vorgehen: das Wasser zu zwei Dritteln ablassen und das Becken samt Inhalt in diesem Zustand zum Urlaubspfleger bringen.

Trockenfutterautomaten helfen bei kurzer Abwesenheit, das Futter regelmäßig zu verabreichen. Es dürfen aber nur sehr geringe Mengen dosiert werden, damit das Wasser nicht belastet wird.

Die optimale Nano-Pflege

Ein paar einfache Regeln und Grenzen helfen, ein Nano-Aquarium mit nur wenigen Litern Inhalt zu einem ästhetisch anspruchsvollen und gleichzeitig artgerechten Lebensraum werden zu lassen.

Tut gut

+ Informieren Sie sich über die Ansprüche Ihrer Pfleglinge im Detail – Ihre Kenntnisse werden sich auf die optimale Gestaltung des Miniatur-Lebensraums positiv auswirken.
+ Halten Sie stets 10 bis 20 l geeignetes Wasser für einen Teilwasserwechsel auf Vorrat. In vielen Fällen lassen sich Pflegeprobleme in Minutenschnelle durch einen Teilwasserwechel lösen.
+ Füttern Sie häufig Lebendfutter, weil es sich länger hält und das Wasser weniger belastet als Trockenfutter.
+ Dosieren Sie Futter und Medikamente stets äußerst exakt. Berücksichtigen Sie dabei unbedingt den Netto-Wasserinhalt des Nano-Beckens.

Besser nicht

− Besetzen Sie ein Nano nie mit mehr als einer oder – in größeren Nanos ab 25 l – zwei Fisch- oder Garnelenarten.

− Verwenden Sie keine Wasserpflegemittel, die pauschal und ohne genaue Inhaltsangabe versprechen, die Wasserqualität im Aquarium zu heben. Keines der Mittel kann die sorgsame Pflege ersetzen.

− Hantieren Sie nicht unnötig im Aquarium. Ein Nano reagiert wie ein kleiner Organismus, der sich auf veränderte Pflegebedingungen nur schwer umstellen lässt.

− Ziehen Sie die Jungtiere nicht im Nano groß, sondern in einem eigenen Becken. Innerhalb kürzester Zeit würden sie durch ihr Wachsen die Belastbarkeitsgrenzen eines Nanos sprengen.

Krankheiten und Plagegeister

Stimmen Wasserpflege, Vergesellschaftung, Beckeneinrichtung und Ernährung, treten Krankheiten nur selten auf. Da manche Keime aber in jedem Aquarium vorhanden sind, kann eine Schwächung der Abwehrkräfte zu Infektionen führen. Die Tiere erweisen sich vor allem dann als krankheitsanfällig, wenn sie nicht unter artgerechten Bedingungen gehalten werden oder vom Transport noch gestresst sind.

Vorbeugemaßnahmen Täglich die Tiere zu beobachten und die Wassertemperatur zu kontrollieren, regelmäßige Teilwasserwechsel durchzuführen und eine abwechslungsreiche Fütterung zu gewährleisten – das ist die beste Vorsorge. Schmieralgen sollten rechtzeitig bekämpft werden (→ Seite 45), bevor sie das Wasser schädlich beeinflussen, und auch den Bestand an Schnecken hält man klein.

Die Weißpünktchenkrankheit gilt als häufigste Fischkrankheit. Dieses Foto zeigt einen kranken Fadenfisch, der jedoch keine Nano-Art ist.

Die häufigsten Krankheiten

»Weißpünktchenkrankheit« oder »Ichthyo«
Wenn ein Fisch mit einzelnen, bis zu 1,5 mm großen weißen Pünktchen bedeckt ist, sich häufig scheuert und schneller atmet, so hat ihn wahrscheinlich der Einzeller *Ichthyophtirius* befallen. Der Zoofachhandel bietet eine Vielzahl wirksamer Medikamente an. Beachten Sie unbedingt die in der Gebrauchsanweisung angegebenen Therapiezeiten und die Anwendung im Aquarium selbst, da sonst Dauerformen für eine Neuinfektion sorgen. Erhöhen Sie die Temperatur auf 28 °C zur Therapieergänzung. Leider tritt seit einigen Jahren eine sehr resistente Form dieser Krankheit auf. Falls eine normale Therapie nicht anspricht, wenden Sie sich an einen Fachmann.

»Goldstaubkrankheit« oder »Oodinium« Diese Erkrankung erkennt man anfänglich auf den Flossen, später am ganzen Körper als feinen weißen oder goldenen »Staubbelag«. Auch hier scheuern sich die Fische. Ursache ist ein Befall mit dem Einzeller *Oodinium,* dem man in mittelhartem bis hartem Wasser mit speziellen Medikamenten aus dem Zoofachhandel zu Leibe rückt. In Weichwasserbecken behandelt man die Infektion durch Kochsalzzugabe (zwei bis maximal vier Teelöffel jod- und zusatzfreies Salz auf 10 l Wasser). Klingt die Krankheit ab, führt man mehrere Teilwasserwechsel durch, um Fische und Pflanzen nicht unnötig zu belasten. Außerdem entfernt man nach Möglichkeit alle Schnecken, da sie oft Zwischenwirt sind. Auch *Costia,* ein anderer einzelliger Erreger, kann für ein ähnliches Krankheitsbild verantwortlich sein. Er lässt sich mit Medikamenten wirksam bekämpfen, die Malachitgrünoxalat enthalten.

Weitere Krankheiten Natürlich gibt es noch eine ganze Reihe von weiteren Fischkrankheiten, über die Sie sich in der Fachliteratur, beim spezialisierten Tierarzt (Anzeigen in Aquarienzeitschriften) oder bei Aquarienvereinen informieren können (Kontaktadressen → Seite 62).

Vorsicht bei der Medikamentengabe

Bei der Dosierung von Medikamenten muss man im Nano wegen des kleinen Wasservolumens große Vorsicht walten lassen. Das heißt: Dosierung auf der Basis des Netto-Wasservolumens genau berechnen und Medikamentenmengen mit Dosierspritze oder Briefwaage exakt abmessen. Ein Tropfen entspricht etwa 0,3 mg. Notfalls das Medikament im Verhältnis 1:10 mit destilliertem Wasser verdünnen und die Dosierung umrechnen, um ein größeres, besser handzuhabendes Volumen zu erhalten.

Süßwasserpolypen sind kleine Nesseltiere, die bisweilen mit Lebendfutter aus dem Freiland eingeschleppt werden. Sie können Jungfische schädigen.

Weitere Plagegeister im Nano-Becken

Neben Schnecken und Algen sind auch Planarien und Hydren im Nano schädlich. Diese Plagegeister werden über Pflanzen oder Lebendfutter eingeschleppt und vermehren sich manchmal schnell.
Planarien (Strudelwürmer oder Scheibenwürmer) sind wurmartige Tiere, die gut erkennbar auf den Aquarienscheiben wie winzige platte Nacktschnecken kriechen. Ihre Bekämpfung ist schwierig. Zwei Methoden haben sich bewährt: Am besten räumt man das Aquarium komplett aus und desinfiziert sowohl Becken wie auch Einrichtungsgegenstände mit verdünnter fünfprozentiger Natronlauge aus der Apotheke. Die Tiere hält man in dieser Zeit in einem Eimer mit temperiertem Aquarienwasser, während man den Pflanzen ein Alaunbad (→ Seite 27) verabreicht. Eine weitere Methode ist, Fische und Garnelen herauszufangen, die Temperatur für drei Tage auf 32 °C zu erhöhen und das Ganze nach sieben Tagen zu wiederholen, um auch die Eier zu zerstören.
Hydren (Süßwasserpolypen) sind wie Quallen nesselnde Hohltiere im Miniformat, die besonders bei häufigen Lebendfuttergaben gedeihen. Die meist grün oder gelblich gefärbten Tiere sitzen an Pflanzen und Scheiben. Mit ihren nesselnden Fangarmen können sie Kleinst- und Jungfischen gefährlich werden. Zur Bekämpfung hungert man sie entweder aus, indem man den Beckeninsassen einen Monat lang kein Lebendfutter gibt. Ein Wiederaufflammen der Hydra-Epidemie ist dann aber leicht möglich. Oder man tötet sie mit Ammoniumhydrat aus der Apotheke (1 g auf 10 l Wasser). Danach ist ein mehrmaliger Teilwasserwechsel erforderlich. Wer keine Garnelen pflegt, kann auch 14 Tage lang ein kleines Stück Kupferrohr oder -blech in das Becken legen. Krebstiere würden dies nicht vertragen.

Zuchterfolge im Nano-Aquarium

Selbst ein kleines Nano-Becken bietet vielen Zwergfischen und Krebstieren einen so vollwertigen Lebensraum, dass sie darin zur Fortpflanzung schreiten. Die Eier und Larven der meisten Nano-Fische und Garnelen sind allerdings so winzig und empfindlich, dass man bei der Aufzucht besondere Sorgfalt walten lassen muss. Außerdem benötigen die Jungtiere ein spezielles Futter. Am besten überführt man Eier oder Larven vorsichtig in einen oder mehrere separate Aufzuchtbehälter, damit sie nicht von den anderen Aquarienbewohnern oder gar den eigenen Eltern aufgefressen werden.

Dieses Red-Fire-Garnelenweibchen trägt dottergelb durchscheinende Eier unter seinem Hinterleib.

Einhängekästen

Kleine Mengen an Jungfischen können in sogenannten Einhängekästen aufgezogen werden. Diese werden über einen Mini-Luftfilter kontinuierlich mit Beckenwasser versorgt, das über ein feinmaschiges Gazefenster (Artemiasieb-Maschenweite aus dem Zoofachhandel) zurück in das Becken läuft (→ Abbildung). Je nach Fischart sammelt man Eier, Larven oder Jungfische mit einer kleinen Plastikschale vorsichtig ein und überführt sie so, dass sie nicht mit Luft in Berührung kommen. Die Jungtiere vertragen das Umsetzen gut, weil Temperatur und Wasserwerte mit denen aus dem Haltungsbecken übereinstimmen. Sie bleiben dort, bis sie groß genug sind, um in ein größeres Aufzuchtbecken überführt zu werden. Sogenannte Ablaichkästen, wie sie im Handel für die Isolierung von trächtigen Weibchen Lebendgebärender Zahnkarpfen erhältlich sind, eignen sich nicht als Aufzuchtbehälter für Nanos, weil sie zu grobe Maschen oder Ritzen aufweisen.

Aufzuchtbecken

Größere Jungfischmengen müssen wegen des erhöhten Wasser- und Platzbedarfs in einem Aufzuchtbecken aufgezogen werden. Dieses enthält in der Regel einen Heizer, einen großvolumigen Schwammfilter und ein Gerät für die intensive Sauerstoffversorgung. Außerdem benötigt es strukturschaffende Objekte wie Schwimmpflanzen, Plastikröhrchen,

Durchlüftete Einhängekästen helfen, die Brut von den Eltern zu trennen und den winzigen Nachwuchs gezielt mit speziellem Futter aufzuziehen.

Auch ein Keilbecken eignet sich gut zur Zucht von Nano-Arten. Geschützt vor den Eltern wachsen die Fischlarven zunächst in der rechten Kammer heran.

Buchenblätter, Äste und Wurzeln. Die Jungfische wachsen rasch heran, wenn sie in möglichst unbelastetem Wasser gehalten und mindestens zweimal täglich mit hochwertigem Aufzuchtfutter versorgt werden. Die erforderliche Wasserqualität wird je nach Besatzdichte durch häufige Teilwasserwechsel – alle drei bis vier Tage – mit vorbereitetem Wasser erreicht. Außerdem müssen täglich Futterreste und Kot vom Glasboden abgesaugt werden. Schnecken im Becken erweisen sich als nützliche Restevertilger. Natürlich dürfen keine kränklichen oder missgebildeten Jungfische aufgezogen werden.

Spezielles Aufzuchtfutter

Viele Jungfische nehmen als Erstfutter frisch geschlüpfte Artemia-Nauplien, die in Schalen erbrütet werden können (→ Seite 48). Füttern Sie die Fischlarven mehrmals täglich und saugen Sie mit einem Luftschlauch abgestorbene Artemien ab. Manche Arten akzeptieren auch pulverisiertes Trockenfutter als Erstfutter. Wir raten jedoch im Nano davon ab, weil sich die richtige Futtermenge nur schwer dosieren lässt und die Reste das Wasser stark belasten. LiquiFry für Eierleger (von Interpet; Zoofachhandel) hat sich als brauchbares Erstfutter erwiesen. Sehr kleinen Jungfischen muss man in den ersten Tagen extrem kleines Lebendfutter bieten, bis sie so groß sind, dass sie Artemien verzehren. Dazu eignen sich die einzelligen Pantoffeltierchen:

Pantoffeltierchen züchten Man füllt ein 0,5- bis 1-l-Einmachglas mit Wasser, gibt ein bis zwei ca. 1 cm große Stückchen getrocknete Bananenschale hinein und einen Kulturansatz aus einer laufenden Pantoffeltierchenkultur (über Aquarienverein oder Internet zu beziehen). Dann wartet man einige Tage, bis sich die Pantoffeltierchen vermehrt haben, was als weißliche Wolke sichtbar wird. Mit einer Pipette entnimmt man einige Tropfen dieser Wolke und träufelt sie direkt in das Aufzuchtbecken. Die Pantoffeltierchenkultur wird mit Bananenschalen oder vier bis fünf Tropfen Kondensmilch nachgefüttert, sobald sie sich aufgeklart hat.

Die **halbfett** gesetzten Seitenzahlen verweisen auf Abbildungen, U = Umschlag, UK = Umschlagklappe.

A

B

C

D

E

F

G

H

I/J

K

L

Adressen

› Verband Deutscher Vereine für Aquarien- und Terrarienkunde e.V. (VDA), Geschäftsstelle: Hans Stiller, Luxemburger Str. 16, D-44789 Bochum, www.vda-online.de

› Österreichischer Landesverband für Vivaristik und Ökologie (ÖVVÖ), Gerhard Gabler, Bonygasse 49/14, A-1120 Wien, www.oevvoe.at

› VDA-Arbeitskreis Wirbellose der Binnengewässer, Leitung Kai A. Quante, Göttingstr. 28, 38106 Braunschweig, www. wirbellose.de

› Deutsche Killifisch-Gemeinschaft (DKG) e.V., Geschäftsführer Bernd Rosch, Europaring 24, 26289 Wilhelmshaven, http://dkg.killi.org

› Internationale Gemeinschaft für Labyrinthfische (IGL) e.V., Geschäftsführer Ulrich Wischmann, Lothringerweg 35, 45481 Mühlheim/Ruhr, www.igl-home.de

Wichtiger **Hinweis**

› **Bei elektrischen Geräten am Aquarium nur geprüfte und für den Zweck vorgesehene Produkte verwenden. Niemals herumbasteln!**

› **Regelmäßiger Teilwasserwechsel ist das A und O, wenn sich die Aquarientiere wohlfühlen sollen.**

› **Neue Wasserpflanzen können Vergiftungen verursachen. Immer wässern und spülen, um Dünger und Schadstoffe zu entfernen.**

› **Vorsicht bei der Anwendung von Medikamenten. Vor allem Garnelen vertragen nicht alle Mittel, die in der Aquaristik gebräuchlich sind.**

Weiterführende Literatur

› Kasselmann, Christel: Aquarienpflanzen, Ulmer Verlag, Stuttgart

› Knop, Daniel: Nano-Riffaquarien, Natur-und-Tier-Verlag, Münster

› Lukhaup, Chris & Pekny, Reinhard: Süßwasser-Garnelen, Gräfe und Unzer Verlag, München

› Schliewen, Ulrich: Praxishandbuch Aquarium, Gräfe und Unzer Verlag, München

Zeitschriften

› Datz – Die Aquarien- und Terrarienzeitschrift. Ulmer Verlag, Stuttgart

› Aquaristik Fachmagazin. tra Verlag, Berlin

› Amazonas. Süßwasseraquaristik Fachmagazin. ntv Verlag, Münster

› Caridina. Dähne Verlag, Ettlingen

Internet-Seiten

› **www.fishbase.de** (Informationen über alle Fische der Welt – auch auf deutsch)

› **www.weichwasserfische.de** (gute Fischseite mit vielen Links)

› **www.crusta10.de** (exzellente Krebstierseite)

› **www.aquarienbastelei.de** (gute Ideen und Bezugsquelle für Zierfischzüchter-Zubehör)

› **www.tuempeln.de** (Futterzuchten, Futterfang in Tümpeln)

Bildnachweis

Aquapress/Christian Piednoir: 20-1,21-1; **Kai Arendt:** 35-2; **Dieter Bork:** 2-2, 22, 24, 26, 33-1, 35-1, 41-1, 55, U8-re; **Jakob Geck:** 21-2; **Martin Hallmann:** 40-3; **Karin Heckel-Merz:** 8; **Hippocampus**/FrankTeigler: 42, U8-li; **JBL**/online-Hospital: 56; **Burkard Kahl:** Cover, 1, 4, 15, 20-3, 33-2, 35-3, 37-1, 37-3, 40-1, U3-3; **Christel Kasselmann:** 13-2, 18, 20-2, 21-3, 21-4, 21-5, 29-1; **Oliver Knott:** 6, 29-2; **Ingo Koslowski:** 44, U7-2; **Oliver Lucanus:** 37-2, 40-2, 41-3, 53; **Chris Lukhaup:** 2-1, 9, 12/13, 12-3, 19, 30, 39-1, 39-2, 39-3, 41-4, 41-5, 58, U4-1, U4-2, U6, U8-mi; **Nonn Panitvong:** 25; **Armin Peither:** 3; **Michael Schlüter:** 13-1, U3-2; **Heinz Schmidbauer:** 10-1, 10-2, 11-3, 11-4, 12-1, 12-2, 13-3, 14, 16, 17, 27-1, 27-2, 27-3, 29-3, 32, 34, 36, 38, 45-1, 45-2, 46, 48-1, 48-2, 50, 51-1, 51-2, 52, 54, 57, 59-1, 59-2, 64-1, U7-1, U7-3; **Erwin Schraml:** 41-2; **Jörg Vierke:** U3-1; **Uwe Werner:** 33-3.

Fragen zur Haltung beantworten

› Ihr Zoofachhändler und der Zentralverband Zoologischer Fachbetriebe Deutschlands e.V. (ZZF), Tel.: 06 11/44 75 53 32 (nur telefonische Auskunft möglich: Mo 12-16 Uhr, Do 8-12 Uhr), www.zzf.de

Dank

Verlag und Autor danken dem Rechtsanwalt Reinhard Hahn für die juristische Beratung.

Unsere Garantie

Alle Informationen in diesem Ratgeber sind sorgfältig und gewissenhaft geprüft. Sollte dennoch einmal ein Fehler enthalten sein, schicken Sie uns das Buch mit dem entsprechenden Hinweis an unseren Leserservice zurück. Wir tauschen Ihnen den GU-Ratgeber gegen einen anderen zum gleichen oder ähnlichen Thema um.

Liebe Leserin und lieber Leser,

wir freuen uns, dass Sie sich für ein GU-Buch entschieden haben. Mit Ihrem Kauf setzen Sie auf die Qualität, Kompetenz und Aktualität unserer Ratgeber. Dafür sagen wir Danke! Wir wollen als führender Ratgeberverlag noch besser werden. Daher ist uns Ihre Meinung wichtig. Bitte senden Sie uns Ihre Anregungen, Ihre Kritik oder Ihr Lob zu unseren Büchern. Haben Sie Fragen oder benötigen Sie weiteren Rat zum Thema? Wir freuen uns auf Ihre Nachricht!

Wir sind für Sie da!
Montag – Donnerstag: 8.00 – 18.00 Uhr;
Freitag: 8.00 – 16.00 Uhr
Tel.: 0180-5 00 50 54*
Fax: 0180-5 01 20 54*
*(0,14 €/Min. aus dem dt. Festnetz/Mobilfunkpreise können abweichen.)
E-Mail:
leserservice@graefe-und-unzer.de

P.S.: Wollen Sie noch mehr Aktuelles von GU wissen, dann abonnieren Sie doch unseren kostenlosen GU-Online-Newsletter und/oder unsere kostenlosen Kundenmagazine.

GRÄFE UND UNZER VERLAG
Leserservice
Postfach 86 03 13
81630 München

Programmleitung: Christof Klocker
Leitende Redaktion: Anita Zellner
Redaktion: Luise Heine, Jutta Weikmann
Lektorat: Gerdi Killer, bookwise GmbH, München
Bildredaktion: Adriane Andreas
Umschlaggestaltung und Layout: independent Medien-Design, München
Herstellung: Claudia Labahn
Satz: Uhl + Massopust, Aalen
Reproduktion: Longo AG, Bozen
Druck: Firmengruppe APPL, aprinta druck, Wemding
Bindung: Firmengruppe APPL, sellier druck, Freising

Printed in Germany

ISBN 978-3-8338-1269-9

1. Auflage 2008

GRÄFE UND UNZER
Ein Unternehmen der
GANSKE VERLAGSGRUPPE

Die Autoren

Jakob Geck beschäftigt sich fast sein gesamtes Leben mit der Aquaristik und hat schon vor über 30 Jahren seine Liebe zu Nano-Aquarien entdeckt. Über diese und die darin lebenden Fische und Garnelen hat er in zahlreichen Fachzeitschriften publiziert und Vorträge gehalten. Seit drei Jahren betreut er ehrenamtlich die Aquarienanlage der Zoologischen Staatssammlung in München.

Ulrich Schliewen ist seit seiner Kindheit Aquarianer. Als spezialisierter Fischkundler (Ichthyologe) an der Zoologischen Staatssammlung in München machte er sein Hobby zum Beruf. Er hat bereits viele erfolgreiche Aquarien-Ratgeber für den Gräfe und Unzer Verlag geschrieben.